```
$ docker service inspect --pretty web-fe
ID:             z7ovearqmruwk0u2vc5
Name:           web-fe
Service Mode:   Replicated
  Replicas:     5
ContainerSpec:
  Image:    nigelpoulton/gsd:1.0
  init: false
Endpoint Mode:  vip
Ports:
   PublishedPort = 8080
     Protocol = tcp
     TargetPort = 80
     PublishMode = ingress
UpdateConfig:
  Parallelism:  1
  On failure:   pause
```

深入浅出
Docker

（第2版）

[英] 奈吉尔·波尔顿（Nigel Poulton）◎著

李晗 ◎译

人民邮电出版社

北京

图书在版编目（CIP）数据

深入浅出 Docker：第 2 版 /（英）奈吉尔·波尔顿（
Nigel Poulton）著；李晗译. -- 2 版. -- 北京：人民
邮电出版社，2025. -- ISBN 978-7-115-65576-9

Ⅰ. TP316.85

中国国家版本馆 CIP 数据核字第 2024NW7836 号

版权声明

◆ 著　　　　[英] 奈吉尔·波尔顿（Nigel Poulton）
　　译　　　　李　晗
　　责任编辑　陈灿然
　　责任印制　王　郁　胡　南

◆ 人民邮电出版社出版发行　　北京市丰台区成寿寺路 11 号
　　邮编　100164　　电子邮件　315@ptpress.com.cn
　　网址　https://www.ptpress.com.cn

　　北京天宇星印刷厂印刷

◆ 开本：800×1000　1/16

　　印张：17.25　　　　　　　　　　2025 年 5 月第 2 版
　　字数：365 千字　　　　　　　　2025 年 11 月北京第 2 次印刷

　　著作权合同登记号　图字：01-2024-0053 号

定价：69.80 元

读者服务热线：(010)81055410　印装质量热线：(010)81055316
反盗版热线：(010)81055315

内容提要

　　如今 Docker 无处不在，这是不争的事实，开发人员和运维人员都需要学习它。本书是一本 Docker 入门图书，全书分为 15 章，从 Docker 概览和 Docker 技术两部分进行全面解析，深入浅出地介绍 Docker 的相关知识，清晰详细的操作步骤结合大量的实际代码帮助读者学以致用，将 Docker 知识应用到真实的项目开发当中。本书会详细介绍容器、镜像以及越来越重要的关于编排的知识。通过本书，读者不仅能够了解相关的概念和原理，还能参考本书给出的命令和例子进行练习。

　　本书适合对 Docker 感兴趣的新手、Docker 技术开发人员以及运维人员阅读，本书也可作为 Docker 认证工程师考试的参考图书。

致谢

非常感谢我的妻子和孩子们忍受了家里的一个极客——我认为自己是一群在中端生物硬件之上并运行在容器内的软件。和我生活在一起真的很不容易！

非常感谢每一位观看我在 Pluralsight 平台发布的视频的人。我很乐意与你们交流，也非常感谢这么多年来你们给我的反馈，这也是我决定写这本书的主要原因之一！我希望本书能够成为一个了不起的工具，帮助你们在职业生涯中更进一步。

奈吉尔（Nigel）是一位技术极客，他致力于图书写作、培训视频录制和在线实操培训。他是 Docker 和 Kubernetes 的畅销书作者，同时也是这些主题最受欢迎的在线培训视频的作者。Nigel 是一名 Docker Captain，他总是能够玩转各种新技术——他最近的兴趣是服务器端的 WebAssembly（Wasm）。此前，Nigel 曾在大型企业中担任过多个高级基础设施职位。

这是一本关于 Docker 的图书，不需要任何前置知识储备。实际上，本书的宗旨是"带你从零开始学习 Docker"。

因此，如果你参与了云原生微服务应用的开发和运维，并且需要学习 Docker，或者你想参与这方面的工作，那么这本书正是为你准备的。

为什么要读本书？为什么要关注 Docker？

Docker 已经无处不在，这是毋庸置疑的。如果你想要在最佳技术领域从事最好的工作，你需要了解 Docker 和容器。Docker 和容器是 Kubernetes 的核心，了解它们的工作原理将有助于你学习 Kubernetes。它们也非常适合新兴的云技术，例如服务器上的 WebAssembly。

如果你不是开发人员怎么办？

如果你认为 Docker 仅仅是为开发人员准备的，那么你要做好颠覆认知的准备。

大多数应用，即使是那些时髦的云原生微服务应用，都需要运行在高性能、生产级的基础设施上。如果你认为传统的开发人员会处理这一点，那么请君三思。长话短说，如果你想在以云为先的现代世界中发展，那么你需要了解 Docker。但不要紧张，这本书将提供你所需的技能。

如果你已经看过我的视频培训课程，还应该购买本书吗？

选择权在你手中，但我通常建议大家既观看我的视频，也阅读我的图书，这并不是为了让我变得富有。通过不同的媒介学习是快速学习的一种有效方式。所以，我建议你阅读我的图书、观看我的视频，并尽可能多地进行实际操作练习。

此外，如果你喜欢我的视频课程，那么你可能会喜欢本书。如果你不喜欢我的视频课程，那么你大概也不会喜欢本书。

如果你还没有看过我的视频课程，那么你应该去看看！它们节奏快、有趣，并且获得了非常多的好评。

本书是如何组织的？

本书分为两部分：

1. 概览性内容
2. 技术性内容

概览性内容包括以下内容：

- 什么是 Docker
- 为什么需要容器
- "云原生"和"微服务"等术语是什么意思

如果你想全面了解 Docker 和容器，那么这些就是你需要了解的内容。

技术性内容为你提供了开始使用 Docker 所需的一切。它深入介绍了镜像、容器的细节，以及日益重要的编排主题。它甚至涵盖了企业所喜爱的内容——TLS、镜像签名、高可用性、备份等。

每章涵盖理论内容并包含大量命令和示例。技术性内容的大多数章节分为 3 个部分：

- 简介（TLDR）
- 详解

- 命令

简介部分为你提供了两到三个段落,用于概括性地阐述相应章节的内容。它们也能够帮助你在复习时快速回忆相关的内容。

详解部分解释了工作原理并给出一些示例。

命令部分以易于阅读的列表形式列出了所有相关命令,并简要说明每个命令的作用。

希望你会喜欢这种形式。

本书不同版本

Docker 和云原生生态系统正在快速发展。因此,我决定大约每年更新一次本书。

如果这听起来有些频繁,那么欢迎来到新常态。

我们已经不再生活在一个 4 年前出版的关于 Docker 的技术图书仍然有价值的世界了。这让作为作者的我生活非常艰难,但我不会与事实争论。

到此为止。让我们开始使用 Docker 吧!

资源获取

本书提供如下资源：

- 本书思维导图；

- 异步社区 7 天 VIP 会员。

要获得以上资源，您可以扫描下方二维码，根据指引领取。

提交勘误

作者和编辑尽最大努力来确保书中内容的准确性，但难免会存在疏漏。欢迎您将发现的问题反馈给我们，帮助我们提升图书的质量。

当您发现错误时，请登录异步社区（https://www.epubit.com），按书名搜索，进入本书页面，点击"发表勘误"，输入勘误信息，点击"提交勘误"按钮即可（见下图）。本书的作者和编辑会对您提交的勘误进行审核，确认并接受后，您将获赠异步社区的 100 积分。积分可用于在异步社区兑换优惠券、样书或奖品。

与我们联系

我们的联系邮箱是 chencanran@ptpress.com.cn。

如果您对本书有任何疑问或建议，请您发邮件给我们，并请在邮件标题中注明本书书名，以便我们更高效地做出反馈。

如果您有兴趣出版图书、录制教学视频，或者参与图书翻译、技术审校等工作，可以发邮件给我们。

如果您所在的学校、培训机构或企业，想批量购买本书或异步社区出版的其他图书，也可以发邮件给我们。

如果您在网上发现有针对异步社区出品图书的各种形式的盗版行为，包括对图书全部或部分内容的非授权传播，请您将怀疑有侵权行为的链接发邮件给我们。您的这一举动是对作者权益的保护，也是我们持续为您提供有价值的内容的动力之源。

关于异步社区和异步图书

"异步社区"（www.epubit.com）是由人民邮电出版社创办的 IT 专业图书社区，于 2015 年 8 月上线运营，致力于优质内容的出版和分享，为读者提供高品质的学习内容，为作译者提供专业的出版服务，实现作者与读者在线交流互动，以及传统出版与数字出版的融合发展。

"异步图书"是异步社区策划出版的精品 IT 图书的品牌，依托于人民邮电出版社在计算机图书领域 30 余年的发展与积淀。异步图书面向 IT 行业以及各行业使用 IT 技术的用户。

目录

第一部分　Docker 概览

第1章　容器发展历程 ……… 002

1.1 糟糕的旧时代 …………… 002

1.2 你好，VMware！ ………… 003

1.3 VMware的缺点 …………… 003

1.4 你好，容器！ …………… 004

1.5 Linux容器 ……………… 004

1.6 你好，Docker！ ………… 005

1.7 Docker和Windows ……… 005

1.8 Windows容器和Linux容器 …… 006

1.9 Mac容器 ………………… 006

1.10 Kubernetes …………… 006

1.11 本章小结 ……………… 007

第2章　Docker ……… 008

2.1 Docker简介 …………… 008

2.2 Docker公司 …………… 009

2.3 Docker技术 …………… 010

2.4 开放容器计划 …………… 011

2.5 本章小结 ……………… 013

第3章　安装Docker ……… 014

3.1 Docker Desktop ……… 015

   3.1.1 Windows前置要求 …… 015

   3.1.2 在Windows 10和Windows 11上安装 Docker Desktop …… 016

   3.1.3 在Mac上安装 Docker Desktop …… 017

3.2 使用Multipass安装Docker …… 019

3.3 在Linux上安装Docker …… 020

3.4 Play with Docker ……… 021

3.5 本章小结 ……………… 022

第4章　纵观 Docker ……… 023

4.1 运维视角 ……………… 024

4.1.1　镜像 ⋯⋯⋯⋯⋯⋯⋯025

4.1.2　容器 ⋯⋯⋯⋯⋯⋯⋯026

4.1.3　连接到运行的容器 ⋯⋯⋯028

4.2　开发视角 ⋯⋯⋯⋯⋯⋯⋯029

4.3　本章小结 ⋯⋯⋯⋯⋯⋯⋯032

第二部分　Docker 技术

第 5 章　Docker 引擎 ⋯⋯⋯⋯034

5.1　Docker引擎——简介 ⋯⋯⋯035

5.2　Docker引擎——详解 ⋯⋯⋯036

5.2.1　摆脱LXC ⋯⋯⋯⋯⋯036

5.2.2　摆脱单体Docker守护进程 ⋯⋯036

5.2.3　开放容器计划（OCI）的
影响 ⋯⋯⋯⋯⋯⋯⋯037

5.2.4　runc ⋯⋯⋯⋯⋯⋯⋯038

5.2.5　containerd ⋯⋯⋯⋯⋯038

5.2.6　启动一个新容器（示例） ⋯⋯039

5.2.7　该模型的显著优势 ⋯⋯⋯040

5.2.8　关于shim ⋯⋯⋯⋯⋯041

5.2.9　在Linux上的实现方式 ⋯⋯041

5.2.10　守护进程的作用 ⋯⋯⋯042

5.3　本章小结 ⋯⋯⋯⋯⋯⋯⋯042

第 6 章　镜像 ⋯⋯⋯⋯⋯⋯043

6.1　Docker镜像——简介 ⋯⋯⋯043

6.2　Docker镜像——详解 ⋯⋯⋯044

6.2.1　镜像和容器 ⋯⋯⋯⋯044

6.2.2　镜像通常较小 ⋯⋯⋯045

6.2.3　拉取镜像 ⋯⋯⋯⋯⋯045

6.2.4　镜像命名 ⋯⋯⋯⋯⋯047

6.2.5　镜像仓库服务 ⋯⋯⋯047

6.2.6　镜像命名和标签 ⋯⋯⋯049

6.2.7　带多个标签的镜像 ⋯⋯051

6.2.8　过滤docker images的输出 ⋯051

6.2.9　通过CLI搜索Docker Hub ⋯⋯053

6.2.10　镜像和分层 ⋯⋯⋯⋯054

6.2.11　共享镜像层 ⋯⋯⋯⋯058

6.2.12　通过摘要拉取镜像 ⋯⋯059

6.2.13　镜像哈希值（摘要）的更多
内容 ⋯⋯⋯⋯⋯⋯⋯061

6.2.14　多架构镜像 ⋯⋯⋯⋯062

6.2.15　删除镜像 ⋯⋯⋯⋯⋯065

6.3　镜像——命令 ⋯⋯⋯⋯⋯067

6.4　本章小结 ⋯⋯⋯⋯⋯⋯⋯068

第 7 章　容器 …………………… 069

7.1 Docker容器——简介 ………069

7.2 Docker容器——详解 ………070

　7.2.1　容器vs虚拟机 …………071

　7.2.2　虚拟机开销 ……………072

　7.2.3　运行容器 ………………074

　7.2.4　检查Docker是否运行 …074

　7.2.5　启动一个简单容器 ……075

　7.2.6　容器进程 ………………077

　7.2.7　容器生命周期 …………078

　7.2.8　优雅地停止容器 ………081

　7.2.9　带重启策略的自愈容器 …082

　7.2.10　Web服务器示例 ………085

　7.2.11　检查容器 ………………086

　7.2.12　清理 ……………………087

7.3 容器——命令 ………………088

7.4 本章小结 ………………………089

第 8 章　容器化应用 ……………090

8.1 容器化应用——简介 ………090

8.2 容器化应用——详解 ………091

　8.2.1　单容器应用容器化 ……092

　8.2.2　通过多阶段构建进行生产
　　　　部署 …………………………103

　8.2.3　一些最佳实践 …………109

8.3 容器化应用——命令 ………112

8.4 本章小结 ………………………113

第 9 章　Docker Compose
部署多容器应用 ……………114

9.1 使用Compose部署应用——
　　简介 ……………………………114

9.2 使用Compose部署应用——
　　详解 ……………………………115

　9.2.1　Compose背景 …………115

　9.2.2　安装Compose …………116

　9.2.3　Compose文件 …………116

　9.2.4　使用Compose部署应用 …120

　9.2.5　使用Compose管理应用 …125

9.3 使用Compose部署应用——
　　命令 ……………………………131

9.4 本章小结 ………………………132

第 10 章　Docker Swarm …… 133

10.1 Docker Swarm——简介 …133

10.2 Docker Swarm——详解 ········ 134

  10.2.1 Swarm入门 ···············134

  10.2.2 搭建安全swarm集群 ········ 136

  10.2.3 故障排查 ···············156

  10.2.4 备份和恢复swarm ········ 158

10.3 Docker Swarm——命令 ········ 162

10.4 本章小结 ···············163

第 11 章 Docker 网络 ········· 164

11.1 Docker网络——简介 ········ 165

11.2 Docker网络——详解 ········ 165

  11.2.1 基础理论 ···············166

  11.2.2 容器网络模型（CNM）······ 166

  11.2.3 单主机桥接网络 ········ 170

  11.2.4 多主机覆盖网络 ········ 177

  11.2.5 连接现有网络 ········ 177

  11.2.6 服务发现 ···············184

  11.2.7 入口负载均衡 ········ 186

11.3 Docker网络——命令 ··········· 189

11.4 本章小结 ···············189

第 12 章 Docker 覆盖网络 ···· 191

12.1 Docker覆盖网络——简介 ······ 192

12.2 Docker覆盖网络——详解 ······ 192

  12.2.1 创建和测试Docker 覆盖

      网络 ···············192

  12.2.2 覆盖网络工作原理 ······ 199

12.3 Docker 覆盖网络——命令 ···· 204

12.4 本章小结 ···············205

第 13 章 卷和持久化数据 ········ 206

13.1 卷和持久化数据——简介 ···· 206

13.2 卷和持久化数据——详解 ···· 207

  13.2.1 容器和非持久化数据 ······ 207

  13.2.2 容器和持久化数据 ········ 208

  13.2.3 集群节点间共享存储 ······ 214

13.3 卷和持久化数据——命令 ···· 215

13.4 本章小结 ···············216

第 14 章 使用 Docker Stack 部署应用 ················· 217

14.1 使用Docker Stack部署应用——简介 ················· 217

14.2 使用Docker Stack部署应用——详解 ················· 218

  14.2.1 示例应用概述 ················· 219

14.2.2 深入分析Stack文件 ·············220

14.2.3 部署应用 ·······················225

14.2.4 管理Stack·······················229

14.3 使用Docker Stack部署应用——

命令 ·····························234

14.4 本章小结 ························234

第15章 Docker 安全·········235

15.1 Docker安全——简介 ············235

15.2 Docker安全——详解 ············237

15.2.1 Linux安全技术 ················237

15.2.2 Docker安全技术 ···············244

15.3 本章小结 ························258

第一部分　Docker 概览

第 1 章　容器发展历程

容器（container）已经席卷了整个世界！

在本章中，我们将介绍以下内容：

- 容器出现的原因
- 容器的作用
- 容器的应用场景

1.1　糟糕的旧时代

应用是企业的核心。如果应用出现问题，那么企业也会受到影响，有时他们甚至会破产。这种情况是真实的，甚至每天都在发生。

大多数应用都运行于服务器上。过去，我们只能在每台服务器上运行一个应用。

Windows 和 Linux 操作系统都不具备在同一台服务器上安全可靠地运行多个应用的技术。

因此，经常会出现这样一幕：每当企业需要一个新的应用时，IT 部门就会购买一台新服务器。大多数情况下，没有人知道新应用的性能需求，这迫使 IT 部门在选择购买的服务器型号和配置时不得不进行猜测。

结果，IT 部门只能做一件事：购买昂贵的大型高性能服务器。毕竟，包括企业在内的任何人都不希望拥有无法执行交易、可能失去客户和收入的低性能服务器。所以，IT 部门购买了大型服务器，这导致大部分服务器长期运行在其额定负载 5% ～ 10% 的水平区间之内。这是对公司资产和资源的极大浪费！

1.2　你好，VMware！

为了解决上面的问题，VMware 公司给全世界带来了一份礼物——虚拟机（Virtual Machine，VM）。然后几乎在一夜之间，世界就变得更加美好了。我们终于有了一项技术，允许我们在一台服务器上安全运行多个业务应用。让我们尽情庆祝吧！

虚拟机是一种具有划时代意义的技术。IT 部门不再需要在每次企业需要新应用时就购买新的超大服务器。多数情况下，他们可以在闲置的现有服务器上运行新应用。

突然之间，我们可以从现有的公司资产中挤出大量的价值，从而为公司节省更多成本。

1.3　VMware 的缺点

但是……总是会有但是！尽管虚拟机很好，但它们远非完美！

每个虚拟机都需要自己的专用操作系统（operating system，OS），这是一个主要缺陷。每个操作系统都会消耗 CPU、RAM 和其他资源，而这些资源本来可以用来驱动更多的应用。每个操作系统都需要补丁和监控。在某些情况下，每个操作系统都需要许可证。所有这些都会导致时间和资源的浪费。

虚拟机模型还面临着其他挑战。虚拟机启动速度慢，可移植性不佳——在不同的虚拟机管理器（hypervisor）和云平台之间迁移虚拟机工作负载比预期要困难得多。

1.4　你好，容器!

很长一段时间以来，像谷歌这样的大规模 Web 服务（big web-scale）玩家一直在使用容器技术来解决 VM 模型的缺点。

在容器模型中，容器大致类似于虚拟机。一个主要的区别是容器不需要自己的完整操作系统。事实上，同一主机上的所有容器会共享主机的操作系统。这释放了大量的系统资源，如 CPU、RAM 和存储。此外，它还降低了潜在的许可成本，减少了操作系统打补丁和其他维护的开销。最终结果就是，节省了时间、资源和资金成本。

容器启动速度快，可移植性极强。将容器工作负载从笔记本计算机迁移到云上，然后再迁移到数据中心的虚拟机或物理机上，都是很简单的事情。

1.5　Linux 容器

现代容器技术起源于 Linux，是很多人长期努力的结果。例如，谷歌为 Linux 内核贡献了许多与容器相关的技术。如果没有大家的贡献，我们今天就不会有现代容器。

近几年来，推动容器大规模增长的主要技术包括：内核命名空间（kernel namespace）、控制组（control group）、权限（capability），当然还有 Docker。

再次强调之前所说的——现代容器生态系统很大程度上受益于许多个人和组织，他们为我们目前的构建奠定了坚实的基础。谢谢他们!

尽管如此，容器仍然很复杂，大多数组织无法使用。直到 Docker 的出现，容器才真正大众化，为大众所接受。

> **注意**
>
> 在 Docker 和现代容器出现之前，有许多类似于容器的操作系统虚拟化技术。有些甚至可以追溯到大型机上的 System/360。BSD Jails 和 Solaris Zones 是一些众所周知的 UNIX 类容器技术的例子。然而，在本书中，我们将讨论范围限制在由 Docker 主导的现代容器技术之中。

1.6　你好，Docker !

我们将在第 2 章更详细地讨论 Docker。但就目前而言，可以说 Docker 是使普通人能够使用 Linux 容器的神奇技术。换句话说，是 Docker 公司使容器变得简单!

1.7　Docker 和 Windows

微软非常努力地将 Docker 和容器技术引入到 Windows 平台。

在本书撰写之际，Windows 桌面和服务器平台支持以下两种容器：

- Windows 容器
- Linux 容器

Windows 容器运行需要 Windows 内核主机系统的 Windows 应用。Windows 10 和 Windows 11 以及所有现代版本的 Windows Server 都原生支持 Windows 容器。

任何运行 WSL 2（Linux 的 Windows 子系统）的 Windows 主机也可以运行 Linux 容器。这使得 Windows 10 和 Windows 11 成为开发和测试 Windows 和 Linux 容器的绝佳平台。

然而，尽管微软在开发 Windows 容器方面做了大量工作，但绝大多数容器仍然是 Linux 容器。这是因为 Linux 容器更小、更快，而且大多数工具都是为 Linux 设计的。

本书中的所有示例都是 Linux 容器。

1.8　Windows 容器和 Linux 容器

容器共享宿主机的内核，理解这一点至关重要。这意味着容器化的 Windows 应用需要一个具有 Windows 内核的主机，而容器化的 Linux 应用需要一个具有 Linux 内核的主机。只是，事情并不总是那么简单。

如前所述，安装了 WSL 2 后端的 Windows 机器上也可以运行 Linux 容器。

1.9　Mac 容器

目前还没有所谓的 Mac 容器。

但是，你可以使用 Docker Desktop 在 Mac 上运行 Linux 容器。它的工作原理是在 Mac 上的轻量级 Linux 虚拟机中无缝运行容器。这在开发人员中非常受欢迎，他们可以轻松地在 Mac 上开发和测试 Linux 容器。

1.10　Kubernetes

Kubernetes 是谷歌的一个开源项目，它迅速成为容器编排领域的领头羊。有一种很流行的说法，Kubernetes 是部署和管理容器化应用最受欢迎的工具。

> **注意**
>
> 容器化应用是作为容器运行的应用。

Kubernetes 过去使用 Docker 作为其默认的容器运行时——这是一种用于拉取镜像并启动和停止容器的底层技术。然而，现代 Kubernetes 集群具有可插拔的容器运行时接口（container runtime interface，CRI），可以轻松切换不同的容器运行时。在本书撰写之际，大多数新的 Kubernetes 集群都使用 containerd。本书后面会详细介绍 containerd，现在只需要知道 containerd 是 Docker 的一个特殊的小部分，负责执行启动和停止容器的底层任务。

如果你需要学习 Kubernetes，可以查看这些资源。*Quick Start Kubernetes* 大约 100 页，可以让你在一天内熟悉 Kubernetes！《Kubernetes 修炼手册》（*The Kubernetes Book*）要全面得多，会让你几近成为一名 Kubernetes 专家。

 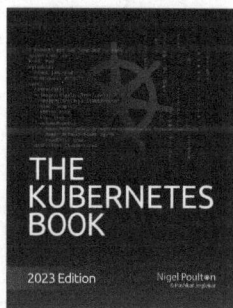

1.11　本章小结

我们曾经生活在这样一个世界里：每当企业需要一个新的应用时，我们就得购买一台全新的服务器。VMware 的出现让我们能够从已有的和新的 IT 资产中获得更多的价值。虽然 VMware 和虚拟机模型很好，但它并不完美。随着 VMware 和虚拟机管理器的成功，出现了一种名为容器的新的更高效和可移植的虚拟化技术。但是容器最初很难实现，只有在拥有 Linux 内核工程师的网络巨头的数据中心才能找到。Docker 的出现让容器变得更容易被大众使用。

说到 Docker，让我们看看 Docker 是什么，以及为什么要使用 Docker 吧！

第2章　Docker

关于容器的图书或探讨都不可避免地涉及 Docker。但当有人说到"Docker"时，可能是指下面 2 种概念之一：

1. Docker 公司
2. Docker 技术

2.1　Docker 简介

Docker 是一种运行在 Linux 和 Windows 上的软件。它负责创建、管理甚至编排容器。该软件目前由 Moby 开源项目中的各种工具构建而成。Docker 公司创造了这项技术，并将继续开发各种技术和解决方案，以便更轻松地将你笔记本计算机上的代码运行在云端。

以上是一个简要介绍。接下来，让我们对其进行深入学习。

2.2　Docker 公司

Docker 公司是一家总部位于美国旧金山的技术公司，由法裔美籍开发人员和企业家 Solomon Hykes 创立，其标志如图 2.1 所示。当前，Solomon 已不再在该公司任职。

旧Logo　　　　　　　　　　　新Logo

图 2.1　Docker 公司 Logo

该公司最初是一家名为 dotCloud 的平台即服务（platform as a service，PaaS）提供商。底层技术上，dotCloud 平台利用了 Linux 容器技术。为了方便创建和管理这些容器，他们开发了一个内部工具，该工具最终被命名为"Docker"。这就是 Docker 技术诞生的历程！

有趣的是，"Docker"一词来自一种英式表达，意思是码头工人——负责装卸船舶货物的人。

2013 年，他们放弃了表现不佳的 PaaS 业务，将公司更名为"Docker"，并专注于将 Docker 和容器技术推向世界。他们在这方面取得了巨大成功。

在本书中，我们将使用"Docker 公司"来指代 Docker 这家公司。除此之外，所有其他"Docker"均指该技术。

2.3　Docker 技术

当大多数人谈论 Docker 时，他们指的是运行容器的技术。然而，当将 Docker 作为一种技术时，至少有 3 件事需要了解：

1. 运行时（runtime）
2. 守护进程（daemon，即引擎）
3. 编排器（orchestrator）

图 2.2 展示了这 3 个层次，在我们解释每个组件时，这将是一个有用的参考。我们将在本书后面详细介绍。

图 2.2　Docker 架构

运行时在最底层工作，负责启动和停止容器（这包括构建所有操作系统结构，如命名空间和控制组）。Docker 实现了一种分层的运行时架构，包括高级和低级运行时，它们协同工作。

低级运行时称为 runc，是开放容器计划（open container initiative，OCI）运行时规范的参考实现。它的任务是与底层操作系统交互，并启动和停止容器。Docker 节点上的每个容器都由 runc 实例创建和启动。

高级运行时称为 containerd，它管理整个容器的生命周期，包括拉取镜像和管理 runc 实例。containerd 读作 "container-dee"，是一个为 Docker 和 Kubernetes 所使用的已毕业的 CNCF 项目。

典型的 Docker 安装中，有一个长时间运行的 containerd 进程，指导 runc 启动和停止容器。runc 从来不是一个长时间运行的进程，容器一启动它就会退出。

Docker 守护进程（dockerd）位于 containerd 之上，执行更高级别的任务，如暴露 Docker API、管理镜像、管理卷、管理网络等。

Docker 守护进程的一个主要任务是提供一个易于使用的标准接口，该接口抽象了较低层级的操作。

Docker 还具有原生支持管理运行 Docker 的节点集群的能力，这些集群称为 swarm，原生技术称为 Docker Swarm。Docker Swarm 易于使用，许多公司正在真实生产环境中使用它。与 Kubernetes 相比，它的安装和管理要简单得多，但缺少了 Kubernetes 的许多高级功能和生态系统支持。

2.4 开放容器计划

在本章前面的部分中，我们提到过开放容器计划（open container initiative，OCI）。

OCI 是一个管理委员会，负责对容器基础设施中的底层基础组件进行标准化。特别地，它专注于镜像格式和容器运行时（如果你还不熟悉这些术语，不用担心，我们会在本书中进行介绍）。

同样，任何关于 OCI 的讨论如果不提及一些历史就不算完整。就像所有的历史叙述一样，你得到的版本取决于谁在讲述。所以，以下是我眼中的容器历史。

从第一天起，Docker 的使用就疯狂增长。越来越多的人在越来越多的场景中使用它。因此，一些利益相关者感到不满是不可避免的，这是正常且健康的。

这段历史简而言之就是，一家名为 CoreOS 的公司（后来被 Red Hat 收购，而后者又被 IBM 收购）不喜欢 Docker 处理某些事情的方式。因此，他们创建了一个名为 appc 的开放标准，该标准定义了镜像格式和容器运行时等事项。他们还创建了一个名为 rkt（读作 "rocket"）的规范实现。

两个相互竞争的标准将容器生态系统置于一种尴尬的境地。

回到故事本身，这种威胁会导致生态系统的分裂，给用户和客户带来了困境。虽然竞争通常是好事，但竞争标准通常不是。它们会导致混乱并降低用户的接受度，这对任何人都不好。

考虑到这一点，所有相关方都尽力用成熟的方法处理此事，共同成立了 OCI—— 一个负责管理容器标准的轻量级的、敏捷型的委员会。

在本书撰写之际，OCI 已经发布了 3 项规范（标准）：

- 镜像规范
- 运行时规范
- 分发规范

在提到这 3 项标准时，经常使用的类比就是铁路轨道。这 3 项标准就像在铁路轨道的标准尺寸和属性上达成一致，让其他人能够自由地建造更好的火车、更好的车厢、更好的信号系统、更好的车站等。所有人都知道他们将在标准轨道上工作。没有人想要两个相互竞争的轨道尺寸标准！

可以说，OCI 规范对 Docker 核心产品的架构和设计产生了重大影响。所有现代版本的 Docker 和 Docker Hub 都实现了 OCI 规范。

OCI 是在 Linux 基金会的支持下运作。

2.5　本章小结

本章中，我们了解了 Docker 公司和 Docker 技术。

Docker 公司是一家位于美国旧金山的科技公司，其目标是改变我们的软件开发方式。可以说，他们是现代容器革命的先行者和推动者。

Docker 技术专注于运行和管理应用容器。它在 Linux 和 Windows 上运行，几乎可以安装在任何地方，并且目前是 Kubernetes 使用的最受欢迎的容器运行时。

OCI 在标准化低级容器技术（比如运行时、镜像格式和注册表）方面发挥了重要作用。

第 3 章　安装 Docker

有很多种方式和场景可以安装 Docker，比如 Windows、Mac 和 Linux。可以在云端、本地和笔记本计算机上安装。还有手动安装、脚本安装、基于向导的安装等安装方法。

但不要害怕。它们都非常容易，只须简单地搜索"如何在 < 你的选择 > 上安装 Docker"就可以得到易于遵循的最新说明。因此，我们不会在这里浪费太多篇幅，而是将介绍以下内容。

- Docker Desktop
  - Windows
  - MacOS
- Multipass
- 服务器安装
  - Linux
- 使用 Docker

3.1 Docker Desktop

Docker Desktop 是一款来自 Docker 公司的桌面应用，它让容器的使用变得非常容易。它包含 Docker 引擎、一个简洁的用户界面和一个带有市场的扩展系统，这些扩展为 Docker Desktop 增加了一些非常有用的功能，例如扫描镜像中的漏洞，并简化镜像和磁盘空间的管理。

Docker Desktop 在教育用途上是免费的。然而，如果你将其用于工作，且公司有超过 250 名员工或年收入超过 1000 万美元，则必须付费。

它能够运行在 64 位版本的 Windows 10、Windows 11、MacOS 和 Linux 上。

安装后，你将拥有一个完整的 Docker 环境，它非常适合开发、测试和学习。其中，包括 Docker Compose，如果你需要学习 Kubernetes，甚至可以启动一个单节点的 Kubernetes 集群。

Windows 上的 Docker Desktop 可以运行原生 Windows 容器，也可以运行 Linux 容器。Mac 和 Linux 上的 Docker Desktop 则只能运行 Linux 容器。

我们将介绍在 Windows 和 MacOS 上的安装过程。

3.1.1 Windows 前置要求

在 Windows 上安装 Docker Desktop 需要满足以下所有要求：

- 64 位版本的 Windows 10 或 11
- 必须在系统 BIOS 中启用硬件虚拟化支持
- WSL 2

更改系统 BIOS 中的任何设置都要非常小心。

3.1.2　在 Windows 10 和 Windows 11 上安装 Docker Desktop

在互联网上搜索或询问你的 AI 助手"如何在 Windows 上安装 Docker Desktop"，这将带你到相关的下载页面，在那里你可以下载安装程序并按照说明进行操作。此外，你可能需要安装并启用 WSL 2 后端（适用于 Linux 的 Windows 子系统）。

安装完成后，你必须从 Windows 开始菜单手动启动 Docker Desktop。启动可能需要一分钟左右，你可以通过屏幕底部 Windows 任务栏上的鲸鱼动画图标查看启动进度。

启动并运行后，可以打开一个终端并输入一些简单的 `docker` 命令。

```
$ docker version
Client:
 Cloud integration:    v1.0.31
 Version:              20.10.23
 API version:          1.41
 Go version:           go1.18.10
 Git commit:           7155243
 Built:                Thu Jan      19 01:20:44 2023
 OS/Arch:              linux/amd64
 Context:              default
 Experimental:         true
Server:
 Engine:
  Version:             20.10.23
  <Snip>
  OS/Arch:             linux/amd64
  Experimental:        true
```

注意，Server 组件的输出显示为 OS/Arch: `linux/amd64`，这是因为默认安装假定你将使用 Linux 容器。

你可以通过右键单击 Windows 通知区域中的 Docker 鲸鱼图标，并选择 `Switch to Windows containers` 来轻松切换到 Windows 容器。

请注意，任何已有的 Linux 容器将继续在后台运行，但在切换回 Linux 容器模式之前，你将无法查看或管理它们。

再次运行 docker version 命令，并在输出的 Server 部分中找到 windows/amd64 行。

```
C:\> docker version
Client:
 <Snip>

Server:
 Engine:
  <Snip>
  OS/Arch:      windows/amd64
  Experimental: true
```

现在，你就可以运行和管理 Windows 容器（运行 Windows 应用的容器）了。

祝贺你，现在你的 Windows 机器上已经安装好了 Docker。

3.1.3　在 Mac 上安装 Docker Desktop

Mac 上的 Docker Desktop 类似于 Windows 上的 Docker Desktop，也是一个带有简洁用户界面的打包产品，可以让你安装一个单引擎的 Docker，非常适合本地开发需求。此外，你也可以启用一个单节点的 Kubernetes 集群。

在继续安装之前，值得注意的是，Mac 上的 Docker Desktop 将所有 Docker 引擎组件安装在一个轻量级的 Linux 虚拟机中，后者无缝地将 API 暴露给本地 Mac 环境。这意味着你可以在 Mac 上打开一个终端并使用常规的 Docker 命令，而无须知道它运行在一个隐藏的虚拟机中。这就是 Mac 上的 Docker Desktop 只能使用 Linux 容器的原因——都运行在 Linux 虚拟机中。这没什么问题，因为大多数容器都在 Linux 中运行。

图 3.1 展示了 Mac 上 Docker Desktop 的宏观架构。

在 Mac 上安装 Docker Desktop 最简单的方法是，搜索网络或询问 AI"如何在 MacOS 上安装 Docker Desktop"。按照链接进行下载，然后完成简单的安装程序。

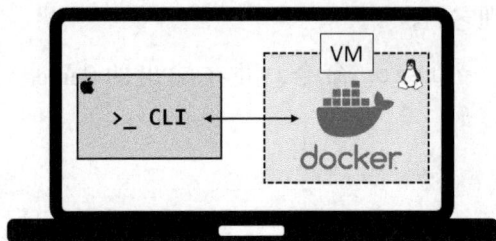

图 3.1　Mac 上 Docker Desktop 的宏观架构

安装完成后，必须从 MacOS 的启动台手动启动 Docker Desktop。启动可能需要一分钟时间，你可以通过屏幕顶部状态栏中的 Docker 鲸鱼动画图标来观察启动进度。启动后，可以点击鲸鱼图标来管理 Docker Desktop。

打开一个终端窗口并运行一些常规的 Docker 命令。可以尝试执行下面的命令。

```
$ docker version

Client:
 Cloud integration:   v1.0.31
 Version:             23.0.5
 API version:         1.42
 <Snip>
 OS/Arch:             darwin/arm64
 Context:             desktop-linux

Server: Docker Desktop 4.19.0 (106363)
 Engine:
  Version:            dev
  API version:        1.43 (minimum version 1.12)
  <Snip>
  OS/Arch:            linux/arm64
  Experimental:       false
 containerd:
  Version:            1.6.20
  GitCommit:          2806fc1057397dbaeefbea0e4e17bddfbd388f38
 runc:
  Version:            1.1.5
  GitCommit:          v1.1.5-0-gf19387a
  <Snip>
```

注意，Server 组件中的 OS/Arch：显示为 linux/amd64 或 linux/arm64，这是因为守护进程运行在前面提到的 Linux 虚拟机中。Client 组件是一个原生 Mac 应用，并直接在 Mac OS Darwin 内核上运行，这就是显示为 darwin/amd64 或 darwin/arm64 的原因。

现在，可以在你的 Mac 上使用 Docker 了。

3.2　使用 Multipass 安装 Docker

Multipass 是一个免费工具，可以在 Linux、Mac 或 Windows 机器上创建云风格的 Linux 虚拟机，它是我在笔记本计算机上进行 Docker 测试的首选，因为它启动和销毁 Docker 虚拟机非常容易。

只需访问下载链接并安装适合你的硬件和操作系统的正确版本。

安装完成后，只需要执行以下 3 条命令：

```
$ multipass launch
$ multipass ls
$ multipass shell
```

我们看下如何启动并连接到一个预先安装了 Docker 的新虚拟机。

运行以下命令，基于 docker 镜像创建一个名为 node1 的新虚拟机。其中，docker 镜像已经在 Docker 中预先安装好。

```
$ multipass launch docker --name node1
```

下载镜像并启动虚拟机需要一到两分钟。

列出虚拟机以确保它正常启动。

```
$ multipass ls

Name            State           IPv4                    Image
node1           Running         192.168.64.37           Ubuntu 22.04 LTS
                                172.17.0.1
                                172.18.0.1
```

在本书后面的示例中，你将使用 192 开头的那个 IP 地址。

使用以下命令连接到 VM。

```
$ multipass shell node1
```

现在，你已经登录到虚拟机并可以运行常规的 Docker 命令。

只须输入 exit 就可以退出虚拟机，使用 multipass delete node1 然后使用 multipass purge 可以删除它。

3.3　在 Linux 上安装 Docker

在 Linux 上安装 Docker 有很多种方法，而且大多数方法都很简单。其中，比较推荐的方法是搜索网络或询问 AI 如何做到这一点。本节中的说明可能已经过时，此处仅作指导用途。

在本节中，我们将介绍在 Ubuntu Linux 22.04 LTS 上安装 Docker 的其中一种方法。假设你已经安装并登录了 Linux。

1. 移除现有的 Docker 包。

```
$ sudo apt-get remove docker docker-engine docker.io containerd runc
```

2. 更新 apt 包索引。

```
$ sudo apt-get update
$ sudo apt-get install ca-certificates curl gnupg
...
```

3. 添加 Docker GPG 密钥。

```
$ sudo install -m 0755 -d /etc/apt/keyrings
$ curl -fsSL https://download.docker.com/linux/ubuntu/gpg | \
    sudo gpg --dearmor -o /etc/apt/keyrings/docker.gpg
$ sudo chmod a+r /etc/apt/keyrings/docker.gpg
```

4. 设置仓库。

```
$ echo \
    "deb [arch="$(dpkg --print-architecture)" signed-by=/etc/apt/keyrings/
docker.gpg] \
    https://download.docker.com/linux/ubuntu \
    "$(. /etc/os-release && echo "$VERSION_CODENAME")" stable" | \
    sudo tee /etc/apt/sources.list.d/docker.list > /dev/null
```

5. 从官方仓库安装 Docker。

```
$ sudo apt-get update
$ sudo apt-get install \
    docker-ce docker-ce-cli containerd.io docker-buildx-plugin docker-compose-plugin
```

此时，Docker 已经安装好，你可以通过运行一些命令对其进行测试。

```
$ sudo docker --version
Docker version 24.0.0, build 98fdcd7

$ sudo docker info
Server:
 Containers: 1
  Running: 1
  Paused: 0
  Stopped: 0
 Images: 1
 Server Version: 24.0.0
 Storage Driver: overlay2
 ...
```

3.4　Play with Docker

Play with Docker（PWD）是一个功能齐全的基于互联网的 Docker 实验平台，时长为 4 小时。你可以添加多个节点，甚至将它们聚集在一个 swarm 中。

虽然有时性能可能会有些慢，但对于免费服务来说，它已经非常出色了！

3.5　本章小结

你几乎可以在任何地方运行 Docker，大多数安装方法都很简单。

Docker Desktop 为你在 Linux、Mac 或 Windows 机器上提供了一个功能齐全的 Docker 环境。它易于安装，包含 Docker 引擎、一个简洁的用户界面以及一个具有很多扩展的市场。它对于本地 Docker 开发环境来说是一个很好的选择，甚至可以创建一个单节点的 Kubernetes 集群。

在大多数 Linux 发行版上都有相应的 Docker 引擎安装包。

Play with Docker 是一个免费的 4 小时 Docker 实验平台。

第 **4** 章 纵观 Docker

本章目的是在深入学习后续章节之前，快速了解 Docker 是什么。

本章分为两部分：

- 运维视角

- 开发视角

在运维视角部分，我们将下载一个镜像、启动一个新容器、登录到新容器，然后在其中运行一条命令，最后销毁它。

在开发视角部分，我们将更多地关注应用。我们将从 GitHub 克隆一些应用代码、检查 Dockerfile、将应用容器化，并将其作为容器运行。

这两部分将让你更好地了解 Docker 是什么，以及其主要组件是如何相互配合的。建议你阅读这两个部分，以获得开发和运维的双重视角。DevOps 有人知道吗？

如果我们在这里做的一些事情对你来说是全新而陌生的，请不要担心。本章中，我们并不是要让你成为专家，而是为了让你对 Docker 有一个直觉上的认识，这样当我们在后续章节中学习细节时，你就会对各部分是如何组合在一起的有一个概念。

如果你想跟着操作，那么只需要一台连接互联网的 Docker 主机。笔者建议在 Mac 或 Windows 计算机上安装 Docker Desktop。不过，文中示例在任何安装了 Docker 的地方都可以运行。我们将展示使用 Linux 容器和 Windows 容器的示例。

如果你无法安装软件，且无法访问公有云，那么获取 Docker 的另一个好方法就是使用 Play with Docker（PWD）。这是一个可免费使用的基于 Web 的 Docker 实验平台。只需要浏览器就可以使用（需要用 Docker Hub 或 GitHub 账户登录）。

在本章中，我们可能会交替使用"Docker 主机"和"Docker 节点"这两个术语，它们都指代运行 Docker 的系统。

4.1　运维视角

当安装 Docker 时，你会得到两个主要组件：

- Docker 客户端
- Docker 引擎（有时称为"Docker 守护进程"）

Docker 引擎实现了运行容器所需的运行时、API 和其他所有内容。

在默认的 Linux 安装中，客户端通过本地的 IPC/Unix 套接字 /var/run/docker.sock 与守护进程通信。在 Windows 上，这一点则是通过命名管道 npipe://././pipe/docker_engine 实现。安装完成后，可以使用 docker version 命令测试客户端和守护进程（服务器端）是否已经成功运行，以及是否能够相互通信。

```
> docker version
Client: Docker Engine - Community
 Version:           24.0.0
 API version:       1.43
 Go version:        go1.20.4
 Git commit:        98fdcd7
```

```
Built:              Mon May 15 18:48:45 2023
OS/Arch:            linux/arm64
Context:            default

Server: Docker Engine - Community
Engine:
 Version:           24.0.0
 API version:       1.43 (minimum version 1.12)
 Go version:        go1.20.4
 Git commit:        1331b8c
 Built:             Mon May 15 18:48:45 2023
 OS/Arch:           linux/arm64
 Experimental:      false
<Snip>
```

如果能从客户端和服务器端得到响应，那么就可以继续往下进行了。

如果你使用的是 Linux，并从服务器端得到错误响应，那么请确保 Docker 已启动并运行。另外，再次尝试在命令前面添加 sudo（即 sudo docker version）来执行。如果使用 sudo 能够运行，那么需要将你的用户账户添加到本地的 docker 用户组，或者在所有 docker 命令前加上 sudo。

4.1.1　镜像

可以将 Docker 镜像理解成一个包含操作系统文件系统、一个应用及其所有依赖的对象。如果你从事运维工作，那么它就像一个虚拟机模板。虚拟机模板本质上是一个停止的虚拟机。在 Docker 世界中，镜像实际上是一个停止的容器。如果你是一名开发人员，那么可以将镜像看作一个类（class）。

在 Docker 主机上运行 docker images 命令。

```
$ docker images
REPOSITORY      TAG      IMAGE      ID      CREATED      SIZE
```

如果你是在新安装的 Docker 主机或 Play with Docker 上工作，则不会存在镜像，那么结果看起来会与上面的输出相同。

将镜像导入到 Docker 主机称为拉取（pull）。下面的命令实现了拉取 ubuntu:latest
镜像的功能。

```
$ docker pull ubuntu:latest
latest: Pulling from library/ubuntu
dfd64a3b4296: Download complete
6f8fe7bff0be: Download complete
3f5ef9003cef: Download complete
79d0ea7dc1a8: Download complete
docker.io/library/ubuntu:latest
```

再次运行 docker images 命令查看刚刚拉取的镜像。

```
$ docker images
REPOSITORY      TAG        IMAGE ID         CREATED        SIZE
ubuntu          latest     dfd64a3b4296     1 minute ago   106MB
```

我们将在后续章节详细介绍镜像的存储位置和内部构成。当前，只需要知道镜像包
含了足够的操作系统以及运行所设计的应用所需的代码和依赖。我们拉取的 ubuntu 镜
像包含一个简化版的 Ubuntu Linux 文件系统和一些常用的 Ubuntu 实用工具。

如果拉取一个应用容器，比如 nginx:latest，那么将会获得一个带有最小操作系
统以及运行应用（NGINX）所需代码的镜像。

值得注意的是，每个镜像都有自己唯一的 ID。在引用镜像时，可以使用镜像的 ID
或名称来实现。如果使用的是镜像 ID，通常只需输入 ID 的前几个字符就足够了——只
要它是唯一的，Docker 就知道你指的是哪个镜像。

4.1.2 容器

现在，我们已经在本地拉取了一个镜像，接下来可以使用 docker run 命令利用它
启动一个容器。

```
$ docker run -it ubuntu:latest /bin/bash
root@6dc20d508db0:/#
```

仔细查看上述命令的输出，可以看到 shell 提示符已经改变，这是因为 -it 标志会

将你的 shell 切换到容器的终端——此时你的 shell 处于新容器内！

接下来，我们来看看 docker run 命令。

docker run 命令告诉 Docker 启动一个新容器。-it 标志告诉 Docker 让该容器具有交互性，并将当前 shell 连接到容器终端（我们将在容器章节中更具体地讨论这个问题）。接下来，命令告诉 Docker，我们希望基于 ubuntu:latest 镜像启动容器。最后，它告诉 Docker 我们希望在容器中运行哪个进程—— 一个 Bash shell。

在容器内运行 ps 命令以列出所有正在运行的进程。

```
root@6dc20d508db0:/# ps -elf
F S UID    PID PPID    NI ADDR SZ WCHAN    STIME TTY    TIME CMD
4 S root     1    0     0 - 4560 -         13:38 pts/0  00:00:00 /bin/bash
0 R root     9    1     0 - 8606 -         13:38 pts/0  00:00:00 ps -elf
```

只存在两个进程：

- PID 1。这是我们利用 docker run 命令通知容器运行的 /bin/bash 进程。
- PID 9。这是我们运行的 ps -elf 命令 / 进程，以列出正在运行的进程。

在 Linux 输出中出现 ps -elf 进程可能有些误导性，因为它是一个短暂的进程，在 ps 命令完成后会立即终止。这意味着容器中唯一长期运行的进程是 /bin/bash 进程。

按下 Ctrl+PQ 组合键，可以退出容器而不终止它，这将使你的 shell 回到 Docker 主机的终端，可以通过查看 shell 提示符来验证这一点。

现在回到 Docker 主机的 shell 提示符下，再次运行 ps 命令。

请注意，与刚刚在容器内运行的结果相比，Docker 主机上运行的进程数量要多得多。

在容器内按下 Ctrl+PQ 组合键将退出容器，而不会终止容器。可以使用 docker ps 命令查看系统中所有正在运行的容器。

```
$ docker ps
CONTAINER ID    IMAGE           COMMAND       CREATED   STATUS     NAMES
6dc20d508db0    ubuntu:latest   "/bin/bash"   7 mins    Up 7 min   vigilant_borg
```

输出显示只有一个正在运行的容器。这是前面示例中创建的，并证明它仍在运行。此外，你还可以看到它是在 7 分钟前创建的，并且一直在运行。

4.1.3　连接到运行的容器

可以使用 docker exec 命令将 shell 连接到正在运行的容器终端。由于前面步骤中的容器仍然在运行，下面会创建一个对它的新连接。

这个例子引用了一个名为"vigilant_borg"的容器。不过，你的容器的名称将会有所不同，所以记得用你 Docker 主机上运行的容器名称或 ID 替换"vigilant_borg"。

```
$ docker exec -it vigilant_borg bash
root@6dc20d508db0:/#
```

请注意，shell 提示符再次发生了改变，说明你再次登录到了容器中。

docker exec 命令的格式是：docker exec <options> <container-name or container-id> <command/app>。我们使用 -it 标志将 shell 连接到容器的 shell 上，通过名称引用容器，并让容器运行 bash shell。此外，我们可以很容易地通过十六进制的 ID 来引用容器。

再次按 Ctrl+PQ 组合键退出容器。

此时，你的 shell 提示符应该退回到了 Docker 主机。

再次运行 docker ps 命令以验证容器仍在运行。

```
$ docker ps
CONTAINER ID  IMAGE           COMMAND       CREATED   STATUS      NAMES
6dc20d508db0  ubuntu:latest   "/bin/bash"   9 mins    Up 9 min    vigilant_borg
```

分别使用 docker stop 和 docker rm 命令停止和杀掉容器。记住要替换成自己容器的名称或 ID。

```
$ docker stop vigilant_borg
vigilant_borg
```

容器可能需要几秒才能优雅地停止。

```
$ docker rm vigilant_borg
vigilant_borg
```

执行 docker ps 命令并加上 -a 标志来确认容器已成功删除。添加 -a 会让 Docker 列出所有容器，包括处于停止状态的容器。

```
$ docker ps -a
CONTAINER ID    IMAGE    COMMAND    CREATED    STATUS    PORTS    NAMES
```

恭喜你，你刚刚拉取了一个 Docker 镜像，基于该镜像启动了一个容器，并连接到该容器，在容器里面执行命令、停止容器，并最终删除容器。

4.2　开发视角

容器的核心就是应用。

在本节中，我们将从 Git 仓库克隆一个应用、检查其 Dockerfile、将其容器化，并将其作为容器运行。

Linux 应用可以从 GitHub 中的 nigelpoulton/psweb 库克隆。

在 Docker 主机的终端中运行以下所有命令。

在本地克隆仓库。这将把应用代码拉取到你的本地 Docker 主机，以便将其容器化。

```
$ git clone https://github.com/nigelpoulton/psweb.git
Cloning into 'psweb'...
remote: Enumerating objects: 63, done.
remote: Counting objects: 100% (34/34), done.
remote: Compressing objects: 100% (22/22), done.
remote: Total 63 (delta 13), reused 25 (delta 9), pack-reused 29
Receiving objects: 100% (63/63), 13.29 KiB | 4.43 MiB/s, done.
Resolving deltas: 100% (21/21), done.
```

切换到克隆仓库的目录中并列出其内容。

```
$ cd psweb
$ ls -l
total 40
-rw-r--r--@ 1 ubuntu ubuntu  338 24 Apr 19:29 Dockerfile
-rw-r--r--@ 1 ubuntu ubuntu  396 24 Apr 19:32 README.md
-rw-r--r--@ 1 ubuntu ubuntu  341 24 Apr 19:29 app.js
```

```
-rw-r--r--  1 ubuntu ubuntu  216 24 Apr 19:29 circle.yml
-rw-r--r--@ 1 ubuntu ubuntu  377 24 Apr 19:36 package.json
drwxr-xr-x  4 ubuntu ubuntu  128 24 Apr 19:29 test
drwxr-xr-x  3 ubuntu ubuntu   96 24 Apr 19:29 views
```

该应用是一个简单的运行某些静态 HTML 的 Node.js Web 应用。

Dockerfile 是一个纯文本文档，它告诉 Docker 如何将应用和依赖构建到 Docker 镜像中。

列出 Dockerfile 的内容。

```
$ cat Dockerfile

FROM alpine
LABEL maintainer="nigelpoulton@hotmail.com"
RUN apk add --update nodejs nodejs-npm
COPY . /src
WORKDIR /src
RUN npm install
EXPOSE 8080
ENTRYPOINT ["node", "./app.js"]
```

现在，只需要知道每一行都是 Docker 用来将应用构建为镜像的指令。

到目前为止，我们已经从远程 Git 仓库中拉取了一些应用代码，并查看了应用的 Dockerfile，其中包含 Docker 用来将其构建为镜像的指令。

使用 `docker build` 命令按照 Dockerfile 中的说明创建新镜像。该例子创建了一个名为 `test:latest` 的新 Docker 镜像。

请确保在包含应用代码和 Dockerfile 的目录下运行该命令。

```
$ docker build -t test:latest .
[+] Building 36.2s (11/11) FINISHED
 => [internal] load .dockerignore                        0.0s
 => => transferring context: 2B                          0.0s
 => [internal] load build definition from Dockerfile     0.0s
 <Snip>
 => => naming to docker.io/library/test:latest           0.0s
 => => unpacking to docker.io/library/test:latest        0.7s
```

构建完成后，检查以确保主机上存在新的 `test:latest` 镜像。

```
$ docker images
REPO       TAG       IMAGE ID        CREATED         SIZE
test       latest    1ede254e072b    7 seconds ago   154MB
```

由此可知，你拥有了一个新构建的包含应用和依赖的 Docker 镜像。

利用该镜像运行一个容器并测试应用。

```
$ docker run -d \
  --name web1 \
  --publish 8080:8080 \
  test:latest
```

打开 Web 浏览器，导航到运行容器的 Docker 主机的 DNS 名称或 IP 地址，并指向 8080 端口。你将看到图 4.1 所示的网页。

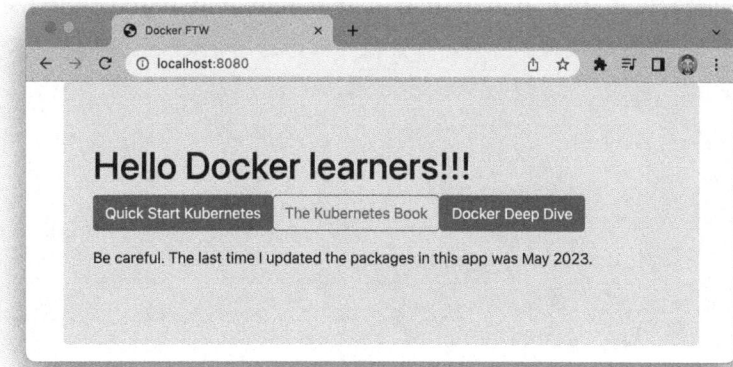

图 4.1　容器中运行应用的页面

如果你在 Docker Desktop 上按照步骤操作，那么可以连接到 `localhost:8080` 或 `127.0.0.1:8080`。如果使用的是 Play with Docker，那么可以点击终端界面上方的 8080 超链接。

干得好。你已经学会了从远程 Git 仓库复制一些应用代码，将其构建为 Docker 镜像，并将其作为容器运行。我们将其称为 "应用容器化"。

4.3　本章小结

在本章的运维视角部分，你下载了一个 Docker 镜像，利用它启动了一个容器，接着登录到容器中，在其中执行一条命令，然后停止并删除了容器。

在开发视角部分中，你通过从 GitHub 拉取一些源代码，并使用 Dockerfile 中的指令将其构建为镜像，从而将一个简单的应用容器化。然后，运行了容器化应用。

本章的宏观视角将有助于你在接下来的章节中深入研究镜像和容器。

第二部分　Docker 技术

第 5 章　Docker 引擎

在本章中，我们将深入了解 Docker 引擎的内部工作原理。

你可以在不理解本章内容的情况下使用 Docker，因此如果你愿意，可以跳过本章。然而，要真正掌握某项技术，就需要了解其底层原理。因此，要成为一名真正的 Docker 大师，建议阅读本章的内容。

本章以理论为主，没有实操练习。

由于本章属于本书的技术部分，我们采用 3 级结构，将本章分为 3 个部分：

- 简介——两三段简短的概述，让你在排队等咖啡时可以快速浏览
- 详解——内容较长，我们会详细讨论
- 命令——快速回顾学过的命令

接下来，我们一起来学习 Docker 引擎吧！

5.1　Docker 引擎——简介

Docker 引擎是运行和管理容器的核心软件，通常简称为 Docker。如果你对 VMware 有所了解，那么可以把 Docker 引擎想象成类似 ESXi 的东西。

Docker 引擎是模块化设计的，由许多小型专业组件组成，其中大多数来自 Moby 项目并实现了开放标准，比如开放容器计划维护的标准。

在许多方面，Docker 引擎就像汽车引擎——两者都是模块化的，通过连接许多小的专用部件来创建：

- 汽车引擎由许多专用部件组成，这些零件一起工作来驱动汽车，例如进气歧管、节气门体、气缸、活塞、火花塞、排气歧管等。
- Docker 引擎由许多专用工具组成，这些工具一起工作来创建和运行容器，例如 API、镜像构建器、高级运行时、低级运行时、shim 进程等。

至本书撰写时，Docker 引擎的主要组件是 Docker 守护进程、构建系统、containerd、runc 以及诸如网络和卷等各种插件，它们一起创建和运行容器。

图 5.1 展示了 Docker 引擎的宏观视图。

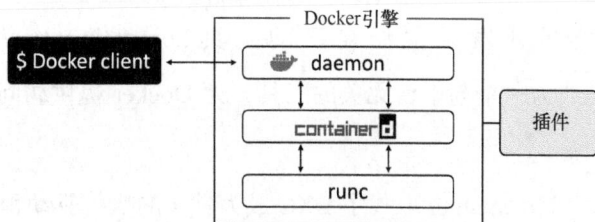

图 5.1　Docker 引擎的宏观视图

在本书中，我们将使用小写的 "r" 和 "c" 来指代 runc 和 containerd。

5.2　Docker 引擎——详解

Docker 最初发布时，Docker 引擎包含两个主要组件：

- Docker 守护进程（有时简称为"守护进程"）
- LXC

Docker 守护进程是一个独立的二进制文件，它包含 API、运行时、镜像构建等所有代码。

LXC 为守护进程提供了访问 Linux 内核中的基本容器构建块的能力，比如命名空间（namespace）和控制组（cgroup）。

图 5.2 展示了在旧版本的 Docker 中，守护进程、LXC 和操作系统交互的方式。

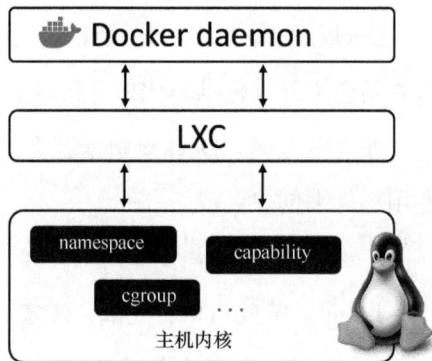

图 5.2　旧 Docker 架构

5.2.1　摆脱 LXC

对 LXC 的依赖从一开始就是一个问题。

首先，LXC 是特定于 Linux 的。对于一个立志于跨平台的项目来说，这是一个问题。

其次，依赖外部工具来完成项目的核心任务是一个巨大的风险。

因此，Docker 公司开发了他们自己的工具 libcontainer 作为 LXC 的替代品。libcontainer 的目标是成为一个与平台无关的工具，为 Docker 提供访问主机内核中的基本容器构建块的能力。

在 Docker 0.9 中，libcontainer 取代了 LXC 成为默认的执行驱动程序。

5.2.2　摆脱单体 Docker 守护进程

随着时间的推移，Docker 守护进程的单体特性逐渐带来越来越多的问题：

1. 很难继续创新

2. 运行速度变慢

3. 并非生态系统所期望的

Docker 公司意识到了这些问题，并开始付出巨大努力来拆解单体守护进程，并将其模块化。这项工作的目的是将尽可能多的功能从守护进程中分离出来，并用较小的专用工具重新实现它。这些专用工具可以替换，也可以被第三方用来构建其他工具。该计划遵循了在 UNIX 中久经考验的一种软件哲学，即构建小型的专用工具，这些工具可以组合成更大型的工具。

这项将 Docker 引擎拆分和重构的工作意味着，所有的容器执行和容器运行时代码已完全从守护进程中移除，并重构为小型的、专门的工具。

图 5.3 展示了当前 Docker 引擎架构的宏观视图，图中有简要描述。

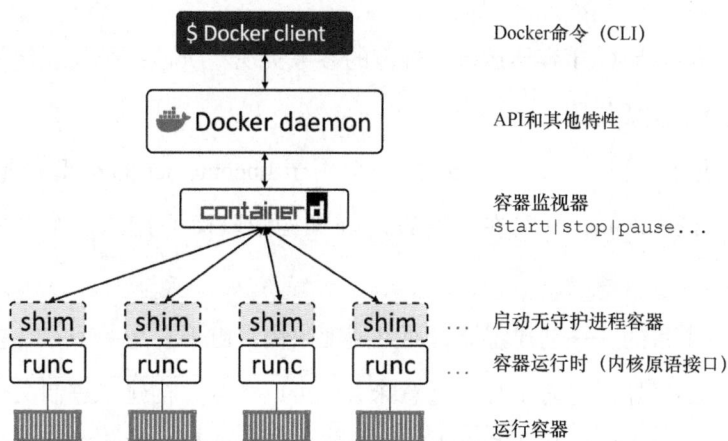

图 5.3　当前的 Docker 引擎架构

5.2.3　开放容器计划（OCI）的影响

Docker 公司正在拆分守护进程并重构代码，而 OCI 正在定义容器相关的标准：

• 镜像规范

• 容器运行时规范

两个规范都是在 2017 年 7 月发布的 1.0 版本，规范的关键特点是稳定，因此我们不应该看到太多变化。在本书撰写之际，已新增了第 3 项规范来通过注册表标准化镜像分发。

Docker 公司深度参与了这些规范的制定，并贡献了大量代码。

自 2016 年以来的所有 Docker 版本都实现了 OCI 规范。例如，Docker 守护进程不再包含任何容器运行时代码——所有容器运行时代码都在单独的 OCI 兼容层中实现。默认情况下，Docker 使用 runc 来实现这一点，其中 runc 是 OCI 容器运行时规范的参考实现，它就是图 5.3 中的 runc 容器运行时层。

此外，Docker 引擎的 containerd 组件确保了 Docker 镜像作为有效的 OCI 包呈现给 runc。

5.2.4　runc

如前所述，runc 是 OCI 容器运行时规范的参考实现。Docker 公司在定义该规范和开发 runc 方面发挥了重要作用。

如果将其他部分剥离，那么 runc 是一个用于 libcontainer 的小型轻量级 CLI 包装器——请记住，libcontainer 最初在早期 Docker 架构中取代了 LXC，作为主机操作系统的接口层。

runc 只有一个目的——创建容器，而且速度很快。由于它是一个 CLI 包装器，它实际上是一个独立的容器运行时工具。这意味着你可以下载并构建二进制文件，并且将拥有构建和使用 runc（OCI）容器所需的一切。然而，它是非常简单和底层的，这意味着你将无法获得完整的 Docker 引擎所具有的丰富功能。

有时，我们说 runc 在 "OCI 层" 运行，如图 5.3 所示。

关于 runc 发布信息请见 GitHub 中 opencontainers/runc 库的 release。

5.2.5　containerd

作为从 Docker 守护进程中剥离功能的一部分，所有的容器执行逻辑都被提取出来，

并重构到一个名为 containerd（发音为 container-dee）的新工具中。它唯一的目的就是管理容器的生命周期操作，比如 start|stop|pause|rm ...。

containerd 可作为 Linux 和 Windows 的守护进程使用，Docker 从 1.11 版本开始就在 Linux 上使用它。在 Docker 引擎栈中，containerd 位于守护进程和 runc 所在的 OCI 层之间。

如前所述，containerd 最初旨在小巧、轻量级，并设计执行单个任务——容器生命周期操作。然而，随着时间的推移，它已经扩展了更多的功能，比如镜像拉取、卷和网络等。

添加更多功能的原因之一是让它在其他项目中更容易使用。例如，在 Kubernetes 中，containerd 能够执行推送和拉取镜像之类的操作是有益的。然而，所有额外的功能都是模块化和可选的，这意味着你可以按需进行选择。因此，可以在 Kubernetes 等项目中使用 containerd，但只选取项目所需的部分。

containerd 最初由 Docker 公司开发，并捐赠给了云原生计算基金会（Cloud Native Computing Foundation，CNCF）。在本书撰写之际，containerd 是一个已经完全毕业的 CNCF 项目，这意味着它很稳定，且可用于生产。具体的发布信息请见 GitHub 中的 containerd/containerd 库的 release。

5.2.6 启动一个新容器（示例）

现在我们已经了解了 Docker 整体情况和一些历史背景，接下来我们来创建一个新容器。

启动容器最常见的方式是使用 Docker CLI。下面的 docker run 命令将基于 alpine:latest 镜像启动一个简单的新容器。

```
$ docker run --name ctr1 -it alpine:latest sh
```

当你在 Docker CLI 中输入如上命令时，Docker 客户端会将它们转换为适当的 API 格式，并将它们发送到 Docker 守护进程暴露的 API 端点。

API 是在守护进程中实现的，可以通过本地套接字或网络暴露。在 Linux 上，这个套接字是 /var/run/docker.sock，在 Windows 上是 \pipe\docker_engine。

一旦守护进程收到创建新容器的命令，它就会调用 containerd。请记住，守护进程不再包含任何用于创建容器的代码！

守护进程通过 gRPC 使用一个 CRUD 风格的 API 与 containerd 通信。

尽管名为 containerd，但它实际上不能创建容器，而是使用 runc 来完成这项工作。它将所需的 Docker 镜像转换为一个 OCI 包，并告诉 runc 使用这个包来创建新容器。

runc 与操作系统内核交互，以整合创建容器所需的所有结构（例如命名空间、控制组等）。容器进程作为 runc 的子进程启动，一旦启动完成，runc 就会退出。

现在，容器已经启动完毕。

图 5.4 总结了整个过程。

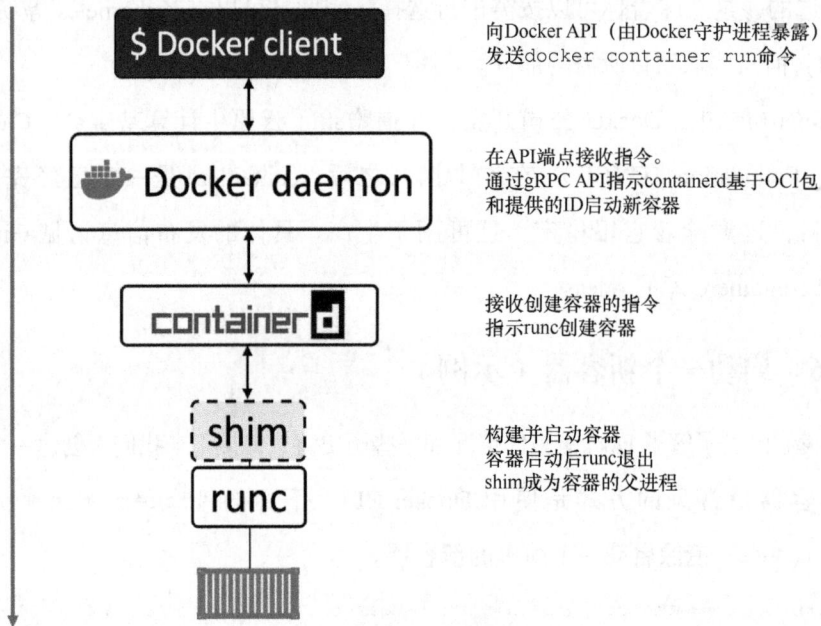

图 5.4　启动新容器过程

5.2.7　该模型的显著优势

将启动和管理容器的所有逻辑和代码从守护进程中移除，意味着整个容器运行时与 Docker 守护进程解耦。我们有时称之为"无守护进程的容器"，它使得对 Docker 守护进程的维护和升级工作不会影响正在运行的容器。

在旧模型中，所有容器运行时逻辑都在守护进程中实现，启动和停止守护进程将杀死主机上所有正在运行的容器，而这一点在生产环境中是个严重的问题。

幸运的是，这已经不再是个问题。

5.2.8　关于 shim

本章中的一些图表已经展示了 shim 组件。

shim 对于无守护进程容器的实现是不可或缺的，即 5.2.7 节中提到的将运行中的容器与守护进程解耦，以解决诸如守护进程升级之类的问题。

我们之前提到过，containerd 使用 runc 来创建新容器。事实上，它为创建的每个容器复制一个新的 runc 实例。但是，一旦每个容器创建完成，runc 进程就会退出。这意味着我们可以运行数百个容器，而不必运行数百个 runc 实例。

一旦容器的父 runc 进程退出，关联的 containerd-shim 进程就会成为容器的父进程。shim 作为容器的父进程所承担的职责包括：

- 保持所有 STDIN 和 STDOUT 流是打开状态，这样当守护进程重启时，容器不会因为管道关闭而终止。
- 向守护进程报告容器的退出状态。

5.2.9　在 Linux 上的实现方式

在 Linux 系统上，之前讨论的组件实现为单独的二进制文件，如下所示：

- `/usr/bin/dockerd`（Docker 守护进程）
- `/usr/bin/containerd`
- `/usr/bin/containerd-shim-runc-v2`
- `/usr/bin/runc`

在 Linux 系统上，你可以通过在 Docker 主机上运行 ps 命令查看所有这些组件。显然，其中一些只会在系统有正在运行的容器时才会出现。

5.2.10　守护进程的作用

从守护进程中剥离所有的执行逻辑和运行时代码后，你可能会问："守护进程中还剩下什么？"

显然，随着越来越多的功能被剥离和模块化，这个问题的答案也会发生变化。不过，目前守护进程还是负责推送和拉取镜像、实现 Docker API、身份验证、安全等功能。

在本书撰写之际，镜像管理功能正在从守护进程中移除，转而由 containerd 处理。

5.3　本章小结

Docker 引擎是一种可以轻松构建、发布和运行容器的软件。它实现了 OCI 标准，是一个包含许多小型、专用的组件的模块化应用。

Docker 守护进程组件实现了 Docker API，且可以执行诸如镜像管理、网络和卷等任务。但是，镜像管理功能当前正从守护进程中移除，并在 containerd 中实现。

containerd 组件负责监管容器执行和镜像管理任务。它最初由 Docker 公司编写，但后来贡献给了 CNCF。它通常被归类为高级运行时，充当管理生命周期操作的容器管理器。它小巧且轻量级，被很多其他项目使用，包括 Kubernetes。

containerd 依赖于一个名为 runc 的底层运行时来与主机内核交互并构建容器。runc 是 OCI 运行时规范的参考实现，期望从符合 OCI 规范的包启动容器。containerd 与 runc 通信，确保 Docker 镜像作为符合 OCI 规范的包呈现给 runc。

runc 可以用作一个独立的 CLI 工具来创建容器。它基于 libcontainer 的代码，且几乎可用于使用 containerd 的任何地方。

第 6 章　镜像

在本章中，我们将深入了解 Docker 镜像，目标是带你整体了解 Docker 镜像是什么，如何执行基本操作，以及它们的工作原理。

我们将在后续章节中介绍如何为自己的应用构建新镜像。

按照惯例，我们将本章分为 3 部分：

- 简介
- 详解
- 命令

6.1　Docker 镜像——简介

镜像、Docker 镜像、容器镜像和 OCI 镜像都是同一个意思，我们将交替使用这些术语。

容器镜像是一个只读包，包含运行应用所需的所有内容，包括应用代码、应用依赖、操作系统构造的最小集合和元数据。一个镜像可以用来启动一个或多个容器。

如果熟悉 VMware，可以将镜像类比为虚拟机模板。虚拟机模板类似于已停止的虚拟机，而容器镜像类似于已停止的容器。如果你是开发人员，可以将它们类比为类。可以从一个类创建一个或多个对象，也可以从一个镜像创建一个或多个容器。

可以通过从注册表中拉取来获得容器镜像。最常见的注册表是 Docker Hub，但还有其他注册表。拉取操作会将镜像下载到本地 Docker 主机，Docker 可以使用它来启动一个或多个容器。

镜像由多个镜像层组成，这些层堆叠在一起，并作为单个对象呈现。镜像内部是一个精简的操作系统，以及运行应用所需的所有文件和依赖。容器旨在快速和轻量级，因此镜像往往比较小（Windows 镜像往往很大）。

以上只是简短介绍，接下来让我们进行详细介绍。

6.2　Docker 镜像——详解

我们已经多次提到，镜像就像停止运行的容器。实际上，你可以停止一个容器并从中创建一个新镜像。考虑到这一点，通常认为镜像是构建时的构造，而容器是运行时的构造。

6.2.1　镜像和容器

图 6.1 展示了镜像和容器关系的宏观视图。我们使用 docker run 和 docker service create 命令从单个镜像启动一个或多个容器。一旦从镜像启动了一个容器，这两种构造就会相互依赖，在最后一个使用它的容器停止并销毁之前，你无法删除镜像。

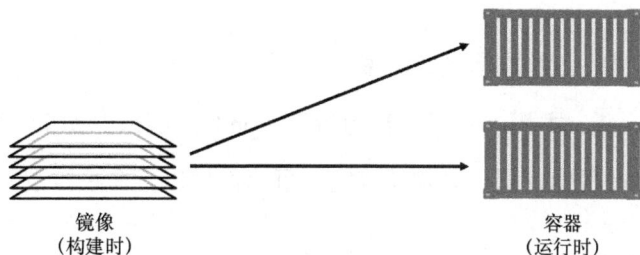

镜像
（构建时）

容器
（运行时）

图 6.1　镜像与容器

6.2.2　镜像通常较小

容器的目的是运行单个应用或服务，这意味着它只需要运行的应用的代码和依赖，除此之外不再需要其他任何东西。这意味着镜像通常很小，且去掉了所有不必要的部分。

例如，在本书撰写之际，官方的 Alpine Linux 镜像大小仅有 7MB，这是因为它没有提供 6 种不同的 shell、3 种不同的包管理器等。实际上，很多镜像都没有提供 shell 或包管理器——如果应用不需要它，那么就不会包含在镜像中。

镜像中不包含内核，这是因为容器共享它们运行所在主机的内核。镜像中包含的操作系统组件通常只有几个重要的文件系统组件和其他基本构造。这就是为什么你有时会听到人们说"镜像仅包含足够的操作系统"。

由于 Windows 操作系统的工作方式不同，Windows 镜像往往比 Linux 镜像大得多。Windows 镜像的大小达到数个 GB 并不罕见，并且推送和拉取它们可能需要很长时间。

6.2.3　拉取镜像

全新安装的 Docker 主机在其本地仓库中并没有镜像。

在 Linux 主机上，本地镜像仓库通常位于 `/var/lib/docker/<存储驱动>`。如果你在 Mac 或 Windows 上通过 Docker Desktop 使用 Docker，那么一切都运行在虚拟机中。

你可以使用下面的命令来检查 Docker 主机的本地仓库中是否存在镜像。

```
$ docker images
REPOSITORY   TAG        IMAGE ID       CREATED      SIZE
```

将镜像放到 Docker 主机上的过程称为拉取（pull）。所以，如果你想 Docker 主机上使用最新的 Busybox 镜像，那么必须拉取它。可以使用以下命令拉取一些镜像，然后检查它们的大小。

> **注意**
>
> 如果你在 Linux 上操作，并且还没有将你的用户账户添加到本地 Docker UNIX 组中，那么可能需要在以下所有命令的开头添加 sudo。

Linux 示例如下。

```
$ docker pull redis:latest
latest: Pulling from library/redis
b5d25b35c1db: Pull complete
6970efae6230: Pull complete
fea4afd29d1f: Pull complete
7977d153b5b9: Pull complete
7945d827bd72: Pull complete
b6aa3d1ce554: Pull complete
Digest: sha256:ea30bef6a1424d032295b90db20a869fc8db76331091543b7a80175cede7d887
Status: Downloaded newer image for redis:latest
docker.io/library/redis:latest

$ docker pull alpine:latest
latest: Pulling from library/alpine
08409d417260: Pull complete
Digest: sha256:02bb6f428431fbc2809c5d1b41eab5a68350194fb508869a33cb1af4444c9b11
Status: Downloaded newer image for alpine:latest
docker.io/library/alpine:latest

$ docker images
REPOSITORY   TAG        IMAGE ID       CREATED       SIZE
alpine       latest     44dd6f223004   9 days ago    7.73MB
redis        latest     2334573cc576   2 weeks ago   111MB
```

Windows 示例如下。

```
> docker pull mcr.microsoft.com/powershell:latest
latest: Pulling from powershell
5b663e3b9104: Pull complete
9018627900ee: Pull complete
133ab280ee0f: Pull complete
084853899645: Pull complete
399a2a3857ed: Pull complete
6c1c6d29a559: Pull complete
d1495ba41b1c: Pull complete
190bd9d6eb96: Pull complete
7c239384fec8: Pull complete
21aee845547a: Pull complete
f951bda9026b: Pull complete
Digest: sha256:fbc9555...123f3bd7
Status: Downloaded newer image for mcr.microsoft.com/powershell:latest
mcr.microsoft.com/powershell:latest

> docker images
REPOSITORY                        TAG       IMAGE ID       CREATED       SIZE
mcr.microsoft.com/powershell      latest    73175ce91dff   2 days ago    495MB
mcr.microsoft.com/.../iis         latest    6e5c6561c432   3 days ago    5.05GB
```

如你所见，这些镜像现在已经存在于 Docker 主机的本地仓库中。还可以看到，Windows 镜像要大得多，且包含更多的镜像层。

6.2.4　镜像命名

拉取镜像时，必须指定要拉取的镜像的名称。接下来，我们花点时间看一下镜像命名。为此，我们需要一些关于镜像如何存储的背景知识。

6.2.5　镜像仓库服务

我们将镜像存储在名为仓库服务（registry）的集中位置。大多数现代仓库服务都实现了 OCI 分发规范，我们有时称它们为 OCI 仓库服务。仓库服务的工作是安全地存储容器镜像，并使它们易于从不同的环境进行访问。一些仓库服务还会提供高级服务，比如镜像扫描、与构建管道的集成。

最常见的仓库服务是 Docker Hub，但也存在其他仓库服务，包括第三方仓库服务和安全的本地仓库服务。然而，Docker 客户端有其偏好，默认使用 Docker Hub。本书剩余部分都将使用 Docker Hub。

下面命令的输出被截断，但可以看到 Docker 配置使用 https://index.docker.io/v1/ 作为其默认仓库服务，这将自动重定向到 https://index.docker.io/v2/。

```
$ docker info
<Snip>
Default Runtime: runc
containerd version: 2806fc1057397dbaeefbea0e4e17bddfbd388f38
runc version: v1.1.5-0-gf19387a
Registry: https://index.docker.io/v1/
<Snip>
```

镜像仓库服务包含一个或多个镜像仓库。同样，镜像仓库包含一个或多个镜像。这可能有点令人困惑，所以图 6.2 展示了一个包含 3 个仓库的镜像仓库服务，每个仓库中又有一个或多个镜像。

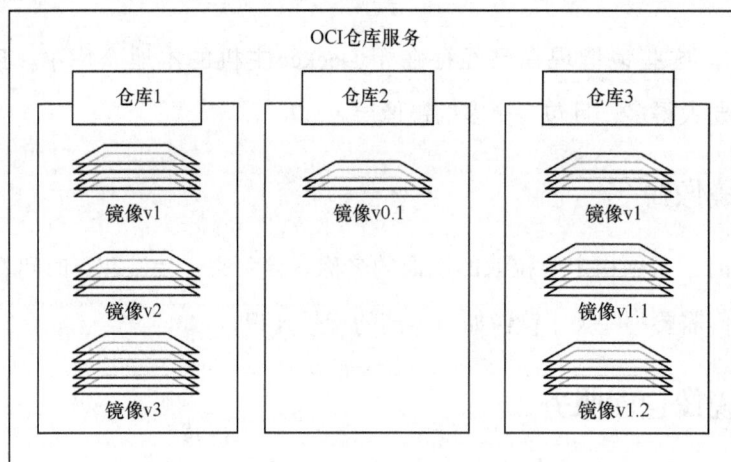

图 6.2　镜像仓库服务结构

官方仓库

Docker Hub 中存在官方仓库（official repository）的概念。

顾名思义，官方仓库是由应用供应商和 Docker 公司审查和管理的，这意味着它们应该包含最新的、高质量的、安全的、文档良好的、符合最佳实践的代码。

如果一个仓库不是官方仓库，那么你不应该假设它们是安全的、文档良好的或根据最佳实践构建的。这并不是说它们包含的镜像都是不好的，在非官方仓库中也有一些很优秀的镜像。你只需在信任他们的代码之前保持谨慎即可。说实话，你不应该轻易信任来自互联网的软件，即使是来自官方仓库的镜像。

大多数流行的应用和操作系统在 Docker Hub 的官方仓库中都有其对应镜像。它们很容易辨认，因为它们位于 Docker Hub 命名空间的顶层，并且拥有一个绿色的"Docker 官方镜像"徽章。

另一方面，我个人的镜像位于非官方仓库，它们不应该被信任。

我仓库中的镜像不仅没有经过审查，也没有及时更新，不安全，没有完善的文档，也不位于 Docker Hub 命名空间的顶层。我的仓库都位于二级命名空间 nigelpoulton 中。

在讨论了上述所有内容之后，我们终于可以看看如何在 Docker 命令行中定位镜像了。

6.2.6　镜像命名和标签

在官方仓库定位镜像非常简单，只需提供仓库名称和标签，且它们之间用冒号（:）分隔。拉取官方仓库中的镜像时，docker pull 命令的格式为：

```
$ docker pull <repository>:<tag>
```

在前面的 Linux 示例中，我们使用以下两条命令拉取 Alpine 和 Redis 镜像：

```
$ docker pull alpine:latest
$ docker pull redis:latest
```

它们会从顶级的"alpine"和"redis"仓库中拉取标签为 latest 的镜像。

下面的例子展示了如何从官方仓库中拉取各种不同的镜像：

```
$ docker pull mongo:4.2.24
//This will pull the image tagged as `4.2.24` from the official `mongo` repository.

$ docker pull busybox:glibc
```

```
//This will pull the image tagged as `glibc` from the official `busybox` repository.

$ docker pull alpine
//This will pull the image tagged as `latest` from the official `alpine` repository.
```

下面介绍关于这些命令的几个关键点。

首先，如果没有在仓库名称后面指定镜像标签，Docker 会假设你引用的是标签为 latest 的镜像。如果仓库没有标签为 latest 的镜像，那么该命令将失败。

其次，latest 标签没有任何神奇的力量。仅仅因为镜像被标记为 latest 并不保证它是仓库中最新的镜像！

从非官方仓库拉取镜像本质上是相同的——你只需要在仓库名称前加上 Docker Hub 用户名或组织名。以下示例展示了如何从 tu-demo 仓库中拉取 v2 镜像，此镜像拥有者的 Docker Hub 账户名为 nigelpoulton。

```
$ docker pull nigelpoulton/tu-demo:v2
//This will pull the image tagged as `v2`
//from the `tu-demo` repository within the `nigelpoulton` namespace
```

如果你想从第三方镜像仓库服务（非 Docker Hub）拉取镜像，那么只需在仓库名称前加上镜像仓库服务的 DNS 名称。例如，下面的命令从谷歌容器镜像仓库服务（gcr.io）上的 google-containers/git-sync 仓库中拉取 3.1.5 镜像。

```
$ docker pull gcr.io/google-containers/git-sync:v3.1.5
v3.1.5: Pulling from google-containers/git-sync
597de8ba0c30: Pull complete
b263d8e943d1: Pull complete
a20ed723abc0: Pull complete
49535c7e3a51: Pull complete
4a20d0825f07: Pull complete
Digest: sha256:f38673f25b8...b5f8f63c4da7cc6
Status: Downloaded newer image for gcr.io/google-containers/git-sync:v3.1.5
gcr.io/google-containers/git-sync:v3.1.5
```

注意，从 Docker Hub 和其他镜像仓库服务拉取镜像的体验是完全相同的。

6.2.7　带多个标签的镜像

关于镜像标签有一点不得不提，单个镜像可以有任意多个标签。这是因为标签是任意数字或字符串，它们作为元数据与镜像一起存储。

乍一看，以下输出似乎显示了 3 个镜像。然而，仔细观察后发现实际上是两个镜像——ID 为 `c610c6a38555` 的镜像被标记为 `latest` 和 `v1`。

```
$ docker images
REPOSITORY             TAG       IMAGE ID        CREATED        SIZE
nigelpoulton/tu-demo   latest    c610c6a38555    22 months ago  58.1MB
nigelpoulton/tu-demo   v1        c610c6a38555    22 months ago  58.1MB
nigelpoulton/tu-demo   v2        6ba12825d092    16 months ago  58.6MB
```

这是之前关于 `latest` 标签警告的完美示例。在该例子中，`latest` 标签与 `v1` 标签指向相同的镜像，这意味着它指向的是两个镜像中较旧的一个！该故事的寓意是，`latest` 是一个任意标签，并不保证指向仓库中的最新镜像！

6.2.8　过滤 `docker images` 的输出

Docker 提供了 `--filter` 标志来过滤 `docker images` 返回的镜像列表。

下面的例子只返回虚悬镜像（dangling image）。

```
$ docker images --filter dangling=true
REPOSITORY    TAG       IMAGE ID      CREATED      SIZE
<none>        <none>    4fd34165afe0  7 days ago   14.5MB
```

虚悬镜像是指不再拥有标签的镜像，在列表中显示为 <none>:<none>。它们通常发生在使用已经存在的标签构建新镜像的情况下。当发生这种情况时，Docker 将构建新镜像，并注意到已经有镜像拥有了相同标签，接着会从旧镜像中删除该标签，并将该标签赋予新镜像。

考虑下面的例子，我们基于 `alpine:3.4` 构建了一个新的应用镜像，并将其标记为 `dodge:challenger`。然后你更新镜像，将 `alpine:3.4` 替换为 `alpine:3.5`。当你构建新镜像时，该操作将创建一个标记为 dodge:challenger 的新镜像，并从旧镜像中移除标签，此时旧镜像将变成一个虚悬镜像。

可以使用 docker image prune 命令删除系统上的所有虚悬镜像。如果添加 -a 标志，Docker 还会删除所有未使用的镜像（那些没有被任何容器使用的镜像）。

Docker 目前支持以下过滤器。

- dangling：可以指定 true 或 false，只返回虚悬镜像（true）或非虚悬镜像（false）。

- before：需要镜像名称或 ID 作为参数，返回在它之前创建的所有镜像。

- since：与 before 类似，但返回在指定镜像之后创建的镜像。

- label：根据标签或标签与值来过滤镜像。docker images 命令不会在输出中显示标签。

对于其他类型的过滤，可以使用 reference。

下面是一个使用 reference 来仅展示标记为 latest 的镜像的例子。在本书撰写之际，该功能在某些 Docker 安装上有效，而在其他一些上则无效（可能不适用于使用 containerd 进行镜像管理的系统）。

```
$ docker images --filter=reference="*:latest"
REPOSITORY      TAG         IMAGE ID        CREATED        SIZE
busybox         latest      3596868f4ba8    7 days ago     3.72MB
alpine          latest      44dd6f223004    9 days ago     7.73MB
redis           latest      2334573cc576    2 weeks ago    111MB
```

还可以使用 --format 标志来使用 Go 模板格式化输出。例如，下面的命令只会返回 Docker 主机上镜像的大小（size）属性。

```
$ docker images --format "{{.Size}}"
3.72MB
7.73MB
111MB
265MB
58.1MB
```

使用下面的命令返回所有镜像，但只显示仓库（repo）、标签（tag）和大小（size）信息。

```
$ docker images --format "{{.Repository}}: {{.Tag}}: {{.Size}}"
busybox: latest: 3.72MB
alpine: latest: 7.73MB
redis: latest: 111MB
portainer/portainer-ce: latest: 265MB
nigelpoulton/tu-demo: latest: 58.1MB
<Snip>
```

如果需要更强大的过滤功能，可以使用操作系统和 shell 提供的工具，比如 `grep` 和 `awk`。你还可以找到一个有用的 Docker Desktop 扩展。

6.2.9　通过 CLI 搜索 Docker Hub

`docker search` 命令允许你通过 CLI 搜索 Docker Hub。它的取值有限，因为你只能对 "NAME" 字段中的字符串进行模式匹配。然而，你可以根据任何的返回列来过滤输出。

在最简单的形式中，它搜索 "NAME" 字段中包含特定字符串的所有仓库。例如，下面的命令会搜索 "NAME" 字段中包含 "nigelpoulton" 的所有仓库。

```
$ docker search nigelpoulton
NAME                          DESCRIPTION              STARS      AUTOMATED
nigelpoulton/pluralsight..    Web app used in...       22         [OK]
nigelpoulton/tu-demo                                   12
nigelpoulton/k8sbook          Kubernetes Book web app  2
nigelpoulton/workshop101      Kubernetes 101 Workshop  0
<Snip>
```

"NAME" 字段是仓库名称，包括非官方仓库的 Docker ID 或组织名称。例如，下面的命令会列出名称中包含字符串 "alpine" 的所有仓库。

```
$ docker search alpine
NAME                DESCRIPTION         STARS     OFFICIAL     AUTOMATED
alpine              A minimal Docker..  9962      [OK]
rancher/alpine-git                      1
```

```
grafana/alpine    Alpine Linux with..    4
<Snip>
```

请注意，返回的仓库中有些是官方的，有些是非官方的。可以使用 --filter "is-official=true" 来仅展示官方仓库。

```
$ docker search alpine    --filter "is-official=true"
NAME              DESCRIPTION          STARS    OFFICIAL    AUTOMATED
alpine            A minimal Docker..   9962     [OK]
```

关于 docker search 的最后一点。默认情况下，Docker 只会显示 25 行结果。但是，可以使用 --limit 标志将其增加到最大 100 行。

6.2.10 镜像和分层

Docker 镜像由一组松耦合的只读层组成，每一层包含一个或多个文件。图 6.3 展示了一个具有 5 层的镜像。

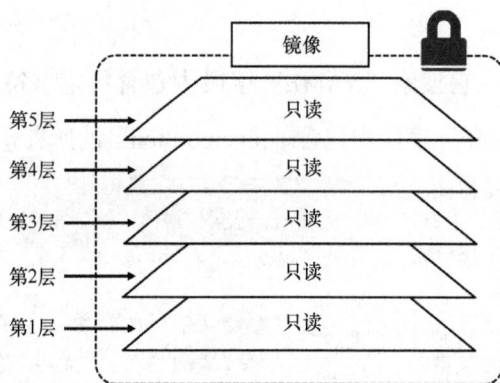

图 6.3 镜像的分层结构

Docker 负责堆叠这些层，并将它们表示为单个统一对象。

有几种方法可以查看并检查组成镜像的各个层。事实上，我们之前在拉取镜像时就已经看到过其中的一种方式。下面的例子更仔细地查看了镜像的拉取操作。

```
$ docker pull ubuntu:latest
latest: Pulling from library/ubuntu
952132ac251a: Pull complete
82659f8f1b76: Pull complete
c19118ca682d: Pull complete
8296858250fe: Pull complete
24e0251a0e2c: Pull complete
Digest: sha256:f4691c96e6bbaa99d...28ae95a60369c506dd6e6f6ab
Status: Downloaded newer image for ubuntu:latest
docker.io/ubuntu:latest
```

在上面的输出中，以 `Pull complete` 结尾的每一行都表示镜像中某个被拉取的镜像层。可以看到，该镜像有 5 个镜像层，如图 6.4 所示，图中还展示了图层 ID。

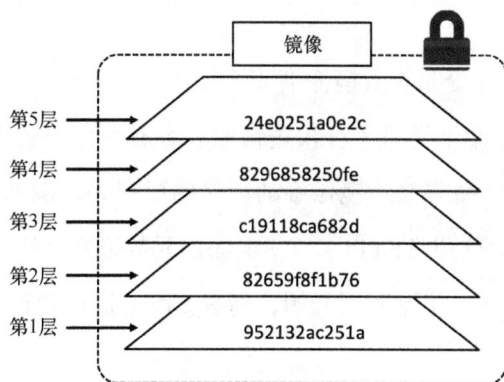

图 6.4　包含 5 层的镜像

查看镜像层的另一种方法是使用 `docker inspect` 命令。下面同样以 `ubuntu:latest` 镜像为例。

```
$ docker inspect ubuntu:latest
[
    {
        "Id": "sha256:bd3d4369ae.......fa2645f5699037d7d8c6b415a10",
        "RepoTags": [
            "ubuntu:latest"

        <Snip>
```

```
        "RootFS": {
            "Type": "layers",
            "Layers": [
                "sha256:c8a75145fc...894129005e461a43875a094b93412",
                "sha256:c6f2b330b6...7214ed6aac305dd03f70b95cdc610",
                "sha256:055757a193...3a9565d78962c7f368d5ac5984998",
                "sha256:4837348061...12695f548406ea77feb5074e195e3",
                "sha256:0cad5e07ba...4bae4cfc66b376265e16c32a0aae9"
            ]
        }
    }
]
```

缩减后的输出再次显示了 5 层，只是这一次它们通过各自的 SHA256 哈希值进行展示。

docker inspect 命令是查看镜像细节的好方法。

docker history 命令是另一种检查镜像和查看镜像层数据的方法。然而，它显示的是镜像的构建历史，而非最终镜像中的严格的层列表。例如，一些 Dockerfile 指令（ENV、EXPOSE、CMD 和 ENTRYPOINT）会添加元数据到镜像中，而非创建镜像层。

所有 Docker 镜像都从一个基础层开始，随着更改的进行和新内容的添加，新的层会叠加在顶部。

考虑下面这个构建简单 Python 应用的简化示例。假设你的公司有一项政策，规定所有应用都必须基于官方的 Ubuntu 22.04 镜像，这将是你的镜像的基础层。添加 Python 包将在基础层之上添加第二层。如果你稍后添加源代码文件，这些将作为额外层进行添加。最终的镜像将具有 3 层，如图 6.5 所示（请记住，这是一个为了演示目的而简化的示例）。

重要的是要理解，在添加额外的层的同时，镜像始终是按添加顺序堆叠的所有层的组合。以图 6.6 所示的两个层的简单示例为例，每层包含 3 个文件，但整个镜像包含 6 个文件，因为它是两个层的组合。

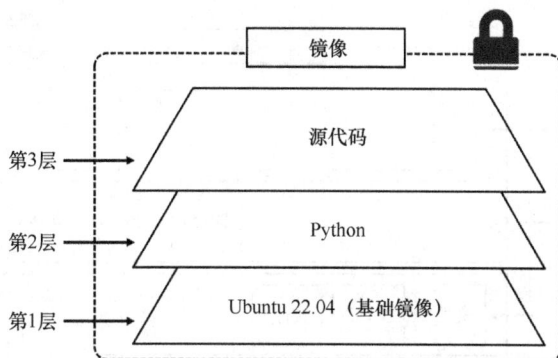

图 6.5　最终镜像的分层结构

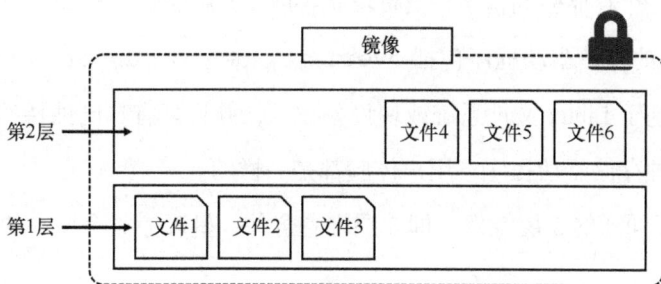

图 6.6　镜像是所有层的组合

注意

我们在图 6.6 中显示镜像层的方式与之前图中略有不同，主要是为了便于展示文件。

图 6.7 中展示了一个稍微复杂一点的 3 层镜像示例，整个镜像在统一视图中只显示 6 个文件，这是因为顶层的文件 7 是下面文件 5 的更新版本。在这种情况下，上层的文件覆盖了它下面的文件，这使得更新版本的文件作为新的层添加到镜像中。

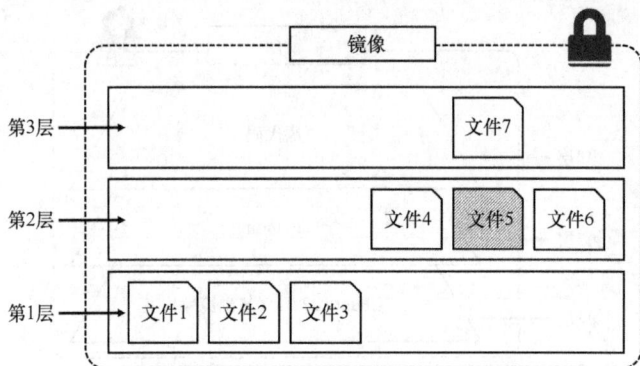

图 6.7　3 层镜像

Docker 使用一个存储驱动程序来负责堆叠各层，并将它们呈现为一个统一的文件系统或镜像。Linux 上的存储驱动程序包括 overlay2、devicemapper、btrfs 和 zfs。顾名思义，每种都基于 Linux 文件系统或块设备技术，并且都有自己独特的性能特征。

无论使用哪种存储驱动程序，用户体验都是一样的。

图 6.8 展示了同样的 3 层镜像，即 3 层堆叠合并，呈现为一个统一的视图。

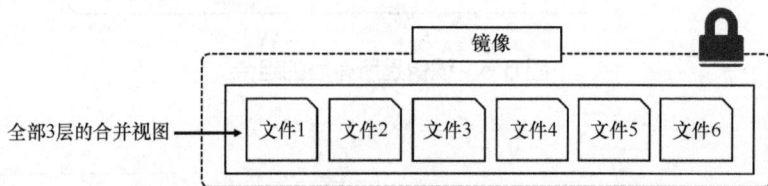

图 6.8　堆叠合并后的统一视图

6.2.11　共享镜像层

多个镜像之间可以并且确实会共享层，这将带来空间和性能上的有效提升。

下面的例子展示了带有 -a 标志的 docker pull 命令的输出，该命令可用于下载仓库中的所有镜像。不过，该命令也有局限性，如果仓库中存在支持多个平台和架构的镜像（比如 Linux 和 Windows，或者 amd64 和 arm64），那么该命令可能会失败。

```
$ docker pull -a nigelpoulton/tu-demo
latest: Pulling from nigelpoulton/tu-demo
aad63a933944: Pull complete
f229563217f5: Pull complete
<Snip>>
Digest: sha256:c9f8e18822...6cbb9a74cf

v1: Pulling from nigelpoulton/tu-demo
aad63a933944: Already exists
f229563217f5: Already exists
<Snip>
fc669453c5af: Pull complete
Digest: sha256:674cb03444...f8598e4d2a

v2: Pulling from nigelpoulton/tu-demo
Digest: sha256:c9f8e18822...6cbb9a74cf
Status: Downloaded newer image for nigelpoulton/tu-demo
docker.io/nigelpoulton/tu-demo

$ docker images
REPOSITORY             TAG      IMAGE ID      CREATED       SIZE
nigelpoulton/tu-demo   latest   d5e1e48cf932  2 weeks ago   104MB
nigelpoulton/tu-demo   v2       d5e1e48cf932  2 weeks ago   104MB
nigelpoulton/tu-demo   v1       6852022de69d  2 weeks ago   104MB
```

注意以 Already exists 结尾的行。

这些行告诉我们 Docker 足够智能，能够识别出要拉取的镜像中，哪几层已经在本地存在。在本例中，Docker 首先拉取标记为 latest 的镜像。然后，当它拉取 v1 和 v2 镜像时，它注意到自己已经拥有了构成这些镜像的一些层。这是因为这个仓库中的 3 个镜像几乎相同，所以会共享很多层。实际上，v1 和 v2 之间唯一的区别就是顶层。

如前所述，Linux 上的 Docker 支持许多存储驱动程序，每个驱动程序都可以自由地以自己的方式实现镜像分层、层共享和写时复制（copy-on-write，CoW）行为。然而，最终的结果和用户体验都是相同的。

6.2.12　通过摘要拉取镜像

到目前为止，我们已经展示了如何使用名称（标签）来拉取镜像。这是目前为止最常见的方法，但它存在一个问题，即标签是可变的！这意味着有可能不小心使用了错误的标签（名称）来标记镜像。有时，甚至可能会给新镜像打一个已经存在的标签。这些都可能会导致出现问题！

举个例子，假设你有一个名为 golftrack:1.5 的镜像，它具有一个已知的 bug。那么，你拉取镜像，进行修复，然后使用相同的标签将更新后的镜像推送回仓库。

接下来，我们花点时间分析一下到底发生了什么。你有一个名为 golftrack:1.5 的镜像，其中包含一个 bug。该镜像正被你的生产环境中的容器所使用。你创建了该镜像的一个新版本，该版本中包含了对该 bug 的修复。然后错误就来了！你构建并推送了修复后的镜像，并使用与存在漏洞的镜像相同的标签，这就覆盖了原始镜像，从而让你无法知道哪些生产环境中的容器正在使用包含漏洞的镜像，哪些正在使用修复漏洞后的镜像，因为它们都具有相同的标签！

这正是镜像摘要（image digest）发挥作用的地方。

Docker 支持基于内容的存储模型。作为该模型的一部分，所有镜像都会获得一个加密的内容哈希值（content hash）。出于讨论的目的，我们将该哈希值称为摘要（digest）。由于摘要是镜像内容的哈希值，因此在不创建新的唯一摘要的情况下，不可能修改镜像的内容。换句话说，你不能在修改镜像内容的同时保留旧的摘要。这意味着摘要是不可变的，为我们刚才提到的问题提供了解决方案。

每次拉取镜像时，docker pull 命令都会将镜像的摘要作为返回信息的一部分。你也可以通过在 docker images 命令中添加 --digests 标志来查看 Docker 主机本地仓库中镜像的摘要。下面的例子展示了这两种情况。

```
$ docker pull alpine
Using default tag: latest
latest: Pulling from library/alpine
08409d417260: Pull complete
Digest: sha256:02bb6f42...44c9b11
Status: Downloaded newer image for alpine:latest
docker.io/library/alpine:latest
```

```
$ docker images --digests alpine
REPOSITORY    TAG      DIGEST                          IMAGE ID     CREATED      SIZE
alpine        latest   sha256:02bb6f42...44c9b11       44dd6f223004 9 days ago   7.73MB
```

上面的输出片段显示了 alpine 镜像的摘要为 sha256:02bb6f42...44c9b11。

既然我们已经了解了镜像的摘要，那么可以在再次拉取镜像时使用它。这将确保我们得到的确实是所期望的镜像！

在本书撰写之际，还不存在原生的 Docker 命令可以从 Docker Hub 这样的远程镜像仓库服务中检索镜像的摘要。这意味着确定镜像摘要的唯一方法是通过标签拉取它，然后记录其摘要。不过，这种情况将来可能会有所改变。

下面的例子首先从 Docker 主机中删除了 alpine:latest 镜像，然后展示了如何使用摘要而非标签来再次拉取它。实际的摘要在本书中被截断，以便能放在一行中。请用你自己系统上拉取的版本的实际摘要替换它。

```
$ docker rmi alpine:latest
Untagged: alpine:latest
Untagged: alpine@sha256:02bb6f428431fbc2809c5d1b41eab5a68350194fb508869a33cb1af4444c9b11
Deleted: sha256:44dd6f2230041eede4ee5e792728313e43921b3e46c1809399391535c0c0183b
Deleted: sha256:94dd7d531fa5695c0c033dcb69f213c2b4c3b5a3ae6e497252ba88da87169c3f

$ docker pull alpinesha256:02bb6f42...44c9b11
docker.io/library/alpine@sha256:02bb6f42...44c9b11: Pulling from library/alpine
08409d417260: Pull complete
Digest: sha256:02bb6f428431...9a33cb1af4444c9b11
Status: Downloaded newer image for alpine@sha256:02bb6f428431...9a33cb1af4444c9b11
docker.io/library/alpine@sha256:02bb6f428431...9a33cb1af4444c9b11
```

6.2.13　镜像哈希值（摘要）的更多内容

如前所述，镜像是一系列松耦合的独立层的集合。

在某种程度上，镜像只是一个列出各层和一些元数据的清单文件。应用和依赖存储于这些层中，每一层都是完全独立的，不存在作为更大层的一部分的概念。

每个镜像都通过一个加密 ID 来标识，这是清单文件的哈希值。每一层也通过一个加密 ID 来标识，这是该层内容的哈希值。

这意味着改变镜像或其任何层的内容将导致相关的加密哈希值发生变化。因此，镜像和层都是不可变的，我们可以很容易地识别是否进行了更改。

到目前为止，事情还相对比较简单。但接下来将会变得更加复杂。

当推送和拉取镜像时，镜像层会被压缩，以节省网络带宽和仓库服务中的存储空间。然而，压缩后的内容不同于未压缩的内容。因此，内容哈希值在推送或拉取操作之后将不再匹配。

这会带来各种问题。例如，Docker Hub 会验证每个被推送的层，以确保它们在传输过程中没有被篡改。为此，它会根据层内容重新计算哈希值，并将其与发送的哈希值进行比对。由于镜像层被压缩，哈希值验证将会失败。

为了解决这个问题，每一层还会有一个分发哈希值（distribution hash），这是该层压缩版本的哈希值，包含在推送到镜像仓库服务和从镜像仓库服务拉取的每个层中。这用于验证到达的镜像层未被篡改。

6.2.14　多架构镜像

Docker 最大的优点之一就是它的简单性。然而，随着技术的发展，它们变得越来越复杂。当 Docker 开始支持不同的平台和架构（比如 Windows 和 Linux，以及 ARM、x64、PowerPC 和 s390x 的变体）时，复杂性就增加了。突然之间，流行的镜像有了适用于不同平台和架构的版本。作为用户，我们必须增加额外的步骤来确保我们为环境拉取了正确的版本。这打破了 Docker 的流畅体验。

> **注意**
>
> 我们使用术语"架构"（architecture）来指代 CPU 架构，比如 x64 和 ARM。而使用术语"平台"（platform）来指代操作系统（Linux 或 Windows）或操作系统与架构的组合。

多架构镜像解决了这一难题！

幸运的是，存在一种灵活的方式来支持多架构镜像。这意味着单个镜像（如 golang:latest）可以同时包含多个平台和架构的镜像，比如 x64 架构的 Linux、PowerPC 上的 Linux、Windows x64、不同版本的 ARM 上的 Linux 等。需要明确的是，我们讨论的是支持多种平台和架构的单个镜像标签。我们稍后将看到它的实际效果，这意味着你可以从任何平台或架构运行简单的 docker pull golang:latest 命令，Docker 都将自动拉取正确的镜像。

要实现这一点，镜像仓库服务 API 支持两种重要的结构：

· 清单列表（manifest list）

· 清单（manifest）

顾名思义，清单列表就是：一个特定的镜像标签支持的架构列表。每种支持的架构都拥有各自的清单，其中列出了构建它所使用的层。

图 6.9 使用官方的 golang 镜像作为示例。左侧是清单列表，其中列出了该镜像支持的每种架构。箭头展示了清单列表中的每个条目指向一个包含镜像配置和层数据的清单。

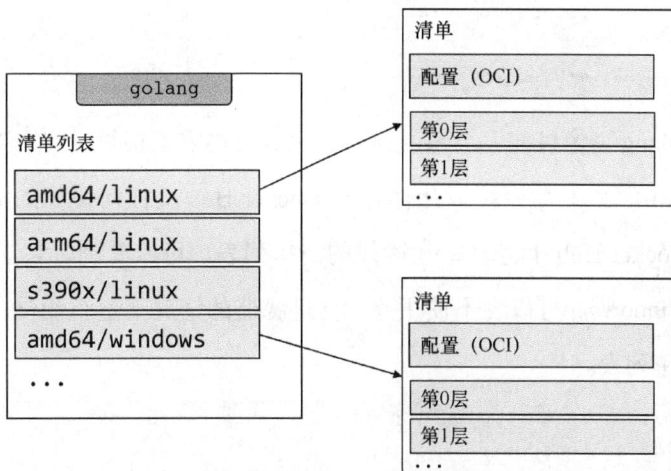

图 6.9　清单列表与清单的关系

在实际演示之前，我们先了解一下理论。

假设你在一款树莓派（ARM 上的 Linux）上运行 Docker。当你拉取镜像时，Docker 会对 Docker Hub 进行相关调用。如果存在该镜像的清单列表，那么它将被解析，以查看是否存在适用于 ARM 上的 Linux 的条目。如果存在，则检索 Linux ARM 镜像的清单，并解析各层的加密 ID。然后，每一层都将从 Docker Hub 中拉取，并在 Docker 主机上组装。

接下来，让我们看看实际操作。

下面以 Linux ARM 系统和 Windows x64 系统为例进行说明。两者都基于官方的 golang 镜像启动一个新容器并运行 go version 命令。输出展示了 Go 的版本以及主机的平台和 CPU 架构。请注意，两个命令完全相同，而 Docker 自动获取了适合平台和架构的正确镜像！

arm64 上的 Linux 示例：

```
$ docker run --rm golang go version
<Snip>
go version go1.20.4 linux/arm64
```

Windows x64 示例：

```
> docker run --rm golang go version
<Snip>
go version go1.20.4 windows/amd64
```

Windows Golang 镜像目前大小超过 2GB，因此可能需要很长时间来下载。

docker manifest 命令可以让你查看 Docker Hub 上任何镜像的清单列表。下面的示例会查看 Docker Hub 上 golang 镜像的清单列表。可以看到，它支持各种 CPU 架构的 Linux 和 Windows。可以在不使用 grep 过滤器的情况下运行相同的命令，以查看完整的 JSON 清单列表。

```
$ docker manifest inspect golang | grep 'architecture\|os'
        "architecture": "amd64",
        "os": "linux"
        "architecture": "arm",
        "os": "linux",
```

```
        "architecture": "arm64",
        "os": "linux",
        "architecture": "386",
        "os": "linux"
        "architecture": "mips64le",
        "os": "linux"
        "architecture": "ppc64le",
        "os": "linux"
        "architecture": "s390x",
        "os": "linux"
        "architecture": "amd64",
        "os": "windows",
        "os.version": "10.0.20348.1726"
        "architecture": "amd64",
        "os": "windows",
        "os.version": "10.0.17763.4377"
```

所有的官方镜像都有清单列表。

可以使用 docker buildx 为不同的平台和架构创建自己的构建，然后使用 docker manifest create 创建自己的清单列表。

下面的命令从当前目录构建一个名为 myimage:arm-v7 的 ARMv7 镜像，它基于 GitHub 中的 nigelpoulton/psweb 库的代码。

```
$ docker buildx build --platform linux/arm/v7 -t myimage:arm-v7 .
[+] Building 43.5s (11/11) FINISHED
 => [internal] load build definition from Dockerfile         0.0s
 => => transferring dockerfile: 368B                         0.0s
 <Snip>
 => => exporting manifest list sha256:2a621c3d06...84f9395d6 0.0s
 => => naming to docker.io/library/myimage:arm-v7            0.0s
 => => unpacking to docker.io/library/myimage:arm-v7         0.8s
```

该命令的妙处在于你不必在 ARMv7 的 Docker 节点上运行它。实际上，示例是在 x64 硬件上的 Linux 系统上运行的。

6.2.15　删除镜像

当你不再需要 Docker 主机上的镜像时，可以使用 docker rmi 命令删除它，其中

rmi 是 remove image 的缩写。

删除镜像将从你的 Docker 主机中移除该镜像及其所有层。这意味着它将不再显示在 docker images 命令的输出中，并且 Docker 主机上所有包含该层数据的目录都将被删除。但是，如果一个镜像层被另一个镜像共享，它将不会被删除，直到所有引用它的镜像都被删除。

使用 docker rmi 命令删除前面步骤中拉取的镜像。下面的示例通过镜像 ID 来删除镜像，在你的系统上可能有所不同。

```
$ docker rmi 44dd6f223004
Untagged: alpine@sha256:02bb6f428431fbc2809c5d1...9a33cb1af4444c9b11
Deleted: sha256:44dd6f2230041eede4ee5e7...09399391535c0c0183b
Deleted: sha256:94dd7d531fa5695c0c033dc...97252ba88da87169c3f
```

可以在同一条命令中列出多个镜像，它们之间用空格分隔，如下所示。

```
$ docker rmi f70734b6a266 a4d3716dbb72
```

如果镜像正在被运行中的容器使用，则无法删除它。在删除镜像之前，需要停止并删除所有使用该镜像的容器。

要删除 Docker 主机上的所有镜像，一个快捷方式是运行 docker rmi 命令，并通过调用带有 -q 标志的 docker images 命令来传递系统上所有镜像的 ID 列表。接下来将展示具体操作。

如果你使用的是 Windows 系统，那么只有在 PowerShell 终端中执行才会生效，在 CMD 提示符下执行不起作用。

```
$ docker rmi $(docker images -q) -f
```

要了解其工作原理，请先下载几个镜像，然后运行 docker images -q。

```
$ docker pull alpine
Using default tag: latest
latest: Pulling from library/alpine
08409d417260: Pull complete
Digest: sha256:02bb6f428431fbc2809c5...a33cb1af4444c9b11
Status: Downloaded newer image for alpine:latest
```

```
docker.io/library/alpine:latest

$ docker pull ubuntu
Using default tag: latest
latest: Pulling from library/ubuntu
79d0ea7dc1a8: Pull complete
Digest: sha256:dfd64a3b4296d8c9b62aa3...ee20739e8eb54fbf
Status: Downloaded newer image for ubuntu:latest
docker.io/library/ubuntu:latest

$ docker images -q
44dd6f223004
3f5ef9003cef
```

可以看到 docker images -q 只返回了包含所有本地镜像 ID 的列表。将该列表作为参数传递给 docker rmi 将删除系统上的所有镜像，如下所示。

```
$ docker rmi $(docker images -q) -f
Untagged: alpine:latest
Untagged: alpine@sha256:02bb6f428431fb...a33cb1af4444c9b11
Deleted: sha256:44dd6f2230041...09399391535c0c0183b
Deleted: sha256:94dd7d531fa56...97252ba88da87169c3f
Untagged: ubuntu:latest
Untagged: ubuntu@sha256:dfd64a3b4296d8...9ee20739e8eb54fbf
Deleted: sha256:3f5ef9003cefb...79cb530c29298550b92
Deleted: sha256:b49483f6a0e69...f3075564c10349774c3

$ docker images
REPOSITORY     TAG     IMAGE ID     CREATED     SIZE
```

接下来，我们回顾一下操作 Docker 镜像的主要命令。

6.3　镜像——命令

- docker pull 是从远程镜像仓库服务下载镜像的命令。默认情况下，镜像将从 Docker Hub 拉取，但你也可以从其他镜像仓库服务拉取。该命令将从 Docker Hub 上的 alpine 仓库中拉取标记为 latest 的镜像：docker pull alpine:latest。

- docker images 会列出存储在 Docker 主机本地镜像缓存中的所有镜像。添加 --digests 标志可以查看 SHA256 摘要。

- docker inspect 是一个非常有用的命令！它可以为你提供镜像的所有详细信息，包括层数据和元数据。

- docker manifest inspect 可以查看存储在 Docker Hub 上的任何镜像的清单列表。这条命令将显示 redis 镜像的清单列表：docker manifest inspect redis。

- docker buildx 是一个 Docker CLI 插件，它扩展了 Docker CLI 以支持多架构构建。

- docker rmi 是删除镜像的命令。该命令将删除 alpine:latest 镜像——docker rmi alpine:latest。需要注意的是，无法删除与处于运行（Up）或停止（Exited）状态的容器关联的镜像。

6.4　本章小结

在本章中，我们学习了容器镜像的相关知识。我们了解到它们包含了将应用作为容器运行所需的一切，包括足够的操作系统、源代码文件、依赖和元数据。镜像用于启动容器，类似于虚拟机模板或面向对象编程的类。在底层，它们由一个或多个只读层组成，当这些只读层堆叠在一起时，就构成了整个镜像。

我们使用 docker pull 命令将一些镜像拉取到本地 Docker 主机上，并介绍了镜像命名、官方和非官方仓库、分层、共享和加密 ID。

此外，我们还了解了 Docker 如何支持多架构和多平台的镜像，最后介绍了一些用于处理镜像的常见命令。

在下一章中，我们将对容器进行类似的介绍——它是运行状态的镜像。

第 7 章 容器

Docker 实现了开放容器计划（OCI）规范，这意味着你在本章中学到的所有内容都适用于其他实现了 OCI 规范的容器运行时和平台。

本章分为 3 部分：

- 简介
- 详解
- 命令

7.1 Docker 容器——简介

容器是镜像的运行时实例。与从虚拟机模板启动虚拟机的方式相同，你可以从单个镜像启动一个或多个容器。虚拟机和容器之间的最大区别是容器更小、更快、可移植性更强。

图 7.1 展示了一个 Docker 镜像用于启动多个容器。

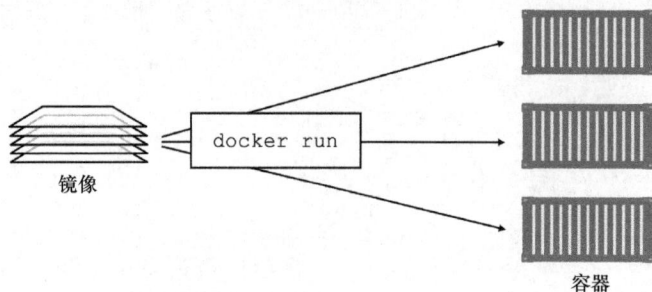

图 7.1　使用一个 Docker 镜像启动多个容器

启动容器的简单方式是使用 docker run 命令，该命令可以接受很多参数，但在最基本的形式中，只须告诉它要使用的镜像和要运行的应用：docker run <image> <app>。下面的命令将基于 Ubuntu Linux 镜像启动一个新容器，并启动一个 Bash shell。

```
$ docker run -it ubuntu /bin/bash`
```

-it 标志能够将你的当前终端窗口连接到容器的 shell。

容器会一直运行，直到主应用退出。在前面的例子中，容器会在 Bash shell 退出时退出。

演示这一点的一个简单方法是启动新容器，并使其运行 sleep 命令 10 秒。容器将会启动，占用终端 10 秒，然后退出。下面是在 Linux 主机上演示这一点的简单方法。

```
$ docker run -it alpine:latest sleep 10
```

你可以使用 docker stop 命令手动停止正在运行的容器，并使用 docker start 重新启动它。要永久删除一个容器，你必须使用 docker rm 显式地删除它。

以上只是简单介绍！现在我们开始了解更多细节。

7.2　Docker 容器——详解

我们首先要介绍的是容器和虚拟机之间的基本区别。目前主要是理论内容，但这些是非常重要的知识。

7.2.1　容器 vs 虚拟机

容器和虚拟机都需要一个主机来运行。其中，主机可以是笔记本计算机、数据中心的物理服务器或公有云中的实例。

假设你的企业有一台物理服务器，需要运行 4 个业务应用。

在虚拟机模型中，首先要开启物理服务器，并启动 Hypervisor（虚拟机监视器）。一旦启动，Hypervisor 就会占用所有物理资源，比如 CPU、RAM、存储和网卡。接着，它将这些硬件资源划分成看起来和实际硬件完全一样的虚拟结构。然后，将它们打包成一个称为虚拟机的软件构造。这样就可以使用这些虚拟机，并在上面安装操作系统和应用。

假设需要在单台物理服务器上运行 4 个业务应用的场景——我们将创建 4 个虚拟机，安装 4 个操作系统，然后安装 4 个应用。完成后的效果如图 7.2 所示。

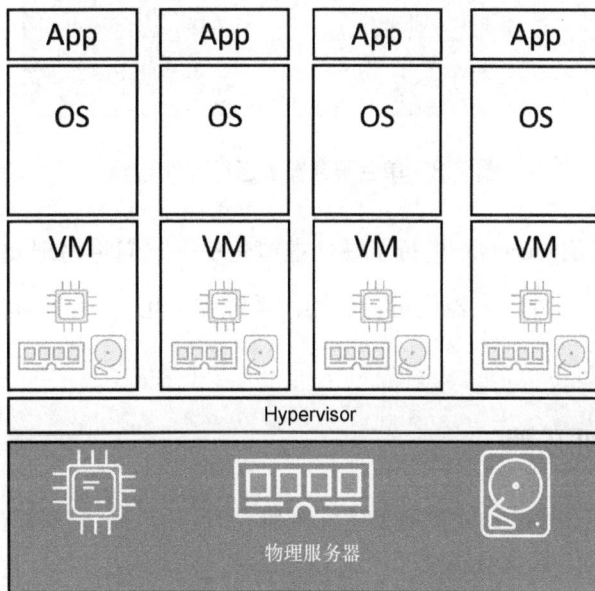

图 7.2　单台服务器上运行 4 个虚拟机

然而，容器模型中的情况有所不同。

服务器启动之后，操作系统启动。在容器模型中，主机的操作系统占用所有硬件资源。接下来，安装容器引擎（比如 Docker）。然后，容器引擎划分操作系统资源（比如进程树、文件系统、网络栈等），并将它们打包到称为容器的虚拟操作系统中。每个容器看起来就像一个真正的操作系统。在每个容器中，我们运行一个应用。

如果假设同样的场景，即一台物理服务器需要运行 4 个业务应用，我们会将操作系统划分成 4 个容器，并在每个容器中运行一个应用，如图 7.3 所示。

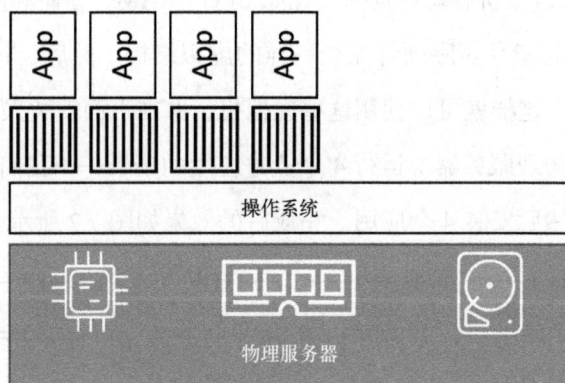

图 7.3　单台服务器上运行 4 个容器

从宏观层面看，Hypervisor 进行了硬件虚拟化——它们将物理硬件资源划分为称为虚拟机的虚拟版本。另外，容器则进行了操作系统虚拟化——它们将操作系统资源划分为称为容器的虚拟版本。

7.2.2　虚拟机开销

接下来，让我们在刚才讨论的基础上深入研究 Hypervisor 模型存在的一个问题。

首先，我们拥有一台物理服务器，且需要运行 4 个业务应用。在虚拟机模型中，我们安装了一个名为 Hypervisor 的专用操作系统，而在容器模型中，我们安装的是任何现代操作系统。到目前为止，这两种模型还很相似，但相似之处仅限于此。

虚拟机模型将底层硬件资源划分成虚拟机。每个虚拟机都是包含虚拟 CPU、虚拟 RAM、虚拟磁盘等资源的一种软件结构。因此，每个虚拟机都需要自己的操作系统来声明、初始化和管理这些虚拟资源。不幸的是，每个操作系统都有自己的额外开销。例如，每个操作系统都会消耗 CPU、RAM 和存储资源。有些还需要自己的许可证，以及为它们打补丁和更新的人员和基础设施。此外，每个操作系统都面临被攻击的风险。我们通常将所有这些称为操作系统开销或虚拟机开销——每个操作系统都在窃取你分配给应用的资源。

容器模型中只有一个操作系统内核，并且运行在共享主机上。而且，可以在单个主机上运行数百个容器，它们共享同一个操作系统。这意味着只有一个操作系统在消耗 CPU、RAM 和存储资源，同时也意味着只有一个操作系统需要许可、更新和打补丁，以及只有一个操作系统面临被攻击的风险。总而言之，只有一个操作系统开销。

在我们的示例中，一台服务器仅运行 4 个业务应用，这可能看起来并不多。但当你开始讨论成百上千个应用时，就会引起质的变化。

另一个需要考虑的因素是应用的启动时间。容器启动速度比虚拟机快得多，因为它们只需要启动应用，而内核已经在主机上启动并运行。而在虚拟机模型中，每个虚拟机在启动应用之前需要启动一个完整的操作系统。

这些都使得容器模型比虚拟机模型更简洁、更高效。你可以将更多应用打包到更少的资源上，更快地启动它们，并支付更少的许可和管理成本，以及面对更小的攻击风险！

容器和容器平台的早期版本被认为不如虚拟机安全。然而，这种情况正在改变，大多数容器引擎和平台现在部署容器时都采用"合理的默认设置"，这些设置试图在不使安全性变得不实用的情况下加强安全。存在很多技术可以使容器比虚拟机更安全，然而，它们有时很难配置。这些技术包括 SELinux、AppArmor、seccomp、capabilities 等。

理论部分已经介绍完毕，现在让我们开始实际动手操作容器。

7.2.3 运行容器

你需要一个可以工作的 Docker 主机来跟随示例进行操作。我推荐 Docker Desktop 或者 Canonical 的 Multipass。只须在网上搜索或询问你的 AI 如何安装它们，其安装非常容易。

7.2.4 检查 Docker 是否运行

当登录到一台 Docker 主机时，我做的第一件事就是运行 `docker version` 检查 Docker 是否正在运行。这是一条很好的命令，因为它会检查 CLI 和引擎组件。

```
$ docker version
Client: Docker Engine - Community
 Version:           24.0.0
 API version:       1.43
 OS/Arch:           linux/arm64
 Context:           default
 <Snip>
Server: Docker Engine - Community
 Engine:
  Version:          24.0.0
  API version:      1.43 (minimum version 1.12)
 OS/Arch:           linux/arm64
<Snip>
```

只要你在 `Client` 和 `Server` 部分得到了响应，那么就可以开始操作了。如果在 `Server` 部分收到错误代码，那么很可能是 Docker 守护进程（服务器）没有运行，或者你的用户账户没有权限访问。

在 Linux 上，你需要确保你的用户账户是本地 `docker` 组的成员。如果不是，可以使用 `usermod -aG docker <user>` 添加它，然后必须重启 shell 才能使修改生效。或者，你可以在所有 `docker` 命令前加上 `sudo` 前缀。

如果你的用户账户已经是本地 `docker` 组的成员，那么问题可能是 Docker 守护进程没有运行。要检查 Docker 守护进程的状态，可以根据 Docker 主机的操作系统选择运行以下命令。

- 未使用 Systemd 的 Linux 系统：

```
$ service docker status
docker start/running, process 29393
```

- 使用 Systemd 的 Linux 系统：

```
$ systemctl is-active docker
active
```

7.2.5　启动一个简单容器

启动容器最简单的方法是使用 docker run 命令。

这条命令会启动一个简单的容器，运行容器化版本的 Ubuntu Linux。

```
$ docker run -it ubuntu:latest /bin/bash

Unable to find image 'ubuntu:latest' locally
latest: Pulling from library/ubuntu
79d0ea7dc1a8: Pull complete
Digest: sha256:dfd64a3b42...47492599ee20739e8eb54fbf
Status: Downloaded newer image for ubuntu:latest
root@e37f24dc7e0a:/#
```

接下来，我们仔细分析这条命令。

docker run 命令指示 Docker 运行一个新容器。-it 标志使容器具有交互性，并将其附加到终端上。参数 ubuntu:latest 告诉 Docker 使用哪个镜像启动容器。最后，/bin/bash 是在容器中运行的应用。

按下回车键后，Docker 客户端会将命令打包并发送到运行在 Docker 守护进程上的 API 服务器。Docker 守护进程接受该命令并搜索主机的本地镜像仓库，以确定是否已经存在镜像的副本。在我们的示例中，它没有找到，因此它访问了 Docker Hub 来查找。找到该镜像后，将其拉取到本地，并存储在本地缓存中。

注意

在标准的、开箱即用的 Linux 安装中，Docker 守护进程在本地 Unix 套接字 /var/run/docker.sock 中实现了 Docker API。在 Windows 上，它在命名管道 npipe:////./pipe/docker_engine 上进行监听。还可以配置 Docker 守护进程监听网络，Docker 默认的非 TLS 网络端口是 2375，默认的 TLS 端口是 2376。

拉取镜像后，守护进程就会指示 containerd 启动容器。containerd 负责使用 runc 来创建容器并启动应用。

如果你正在跟随操作，那么你的终端现在已经连接到了容器——仔细观察就会发现 shell 提示符已经改变。在本例中，它是 root@e37f24dc7e0a:/#，但你的将有所不同。@ 后面的长串数字是容器唯一 ID 的前 12 个字符。

尝试在容器内执行一些基本命令，你可能会注意到有些命令不能正常工作，这是因为镜像被优化为轻量级，并未安装所有标准的命令和软件包。下面的示例展示了两条命令—— 一个成功，另一个失败。

```
root@50949b614477:/# ls -l
total 64
lrwxrwxrwx  1 root root    7 Apr 23 11:06 bin -> usr/bin
drwxr-xr-x  2 root root 4096 Apr 15 11:09 boot
drwxr-xr-x  5 root root  360 Apr 27 17:24 dev
drwxr-xr-x  1 root root 4096 Apr 27 17:24 etc
drwxr-xr-x  2 root root 4096 Apr 15 11:09 home
lrwxrwxrwx  1 root root    7 Apr 23 11:06 lib -> usr/lib
<Snip>

root@50949b614477:/# ping nigelpoulton.com
bash: ping: command not found
```

如你所见，ping 工具并没有包含在官方的 Ubuntu 镜像中。

7.2.6　容器进程

当启动 Ubuntu 容器时，我们告诉它运行 Bash shell（/bin/bash）。这使得 Bash shell 成为容器中运行的唯一进程。你可以通过在容器内运行 ps -elf 来查看这一点。

```
root@e37f24dc7e0a:/# ps -elf
F S UID   PID  PPID  NI ADDR SZ WCHAN  STIME TTY   TIME      CMD
4 S root    1     0   0 -  4558 wait   00:47 ?     00:00:00  /bin/bash
0 R root   11     1   0 -  8604 -      00:52 ?     00:00:00  ps -elf
```

列表中的第一个进程（PID 为 1）就是我们告诉容器运行的 Bash shell。第二个进程是用来生成列表的 ps -elf 命令，它是一个存在时间很短的进程，一旦输出显示出来就会立即退出。长话短说，该容器当前只运行了一个进程——/bin/bash。

登录容器后输入 exit 将会终止 Bash 进程，整个容器也会随之退出。这是因为如果没有指定的主进程，容器就无法存在。Linux 和 Windows 容器都是如此—— 杀掉容器中的主进程也会杀掉容器。

按下 Ctrl+PQ 组合键会退出容器而不终止它的主进程。这样做会回到 Docker 主机的 shell 中，并让容器在后台运行。可以使用 docker ps 命令查看系统中正在运行的容器列表。

```
$ docker ps
CNTNR ID    IMAGE           COMMAND     CREATED   STATUS    NAMES
e37..7e0a   ubuntu:latest   /bin/bash   6 mins    Up 6mins  sick_montalcini
```

重要的是要理解该容器仍然在运行，可以使用 docker exec 命令将终端重新连接到它。

```
$ docker exec -it e37f24dc7e0a bash
root@e37f24dc7e0a:/#
```

可以看到，shell 提示符已经变回了容器内的提示符。如果再次运行 ps -elf 命令，现在将会看到两个 Bash 进程。这是因为 docker exec 命令创建了一个新的 Bash 进程并连接到它。这意味着在 shell 中输入 exit 不会终止容器，因为原始的 Bash 进程将继续运行。

在容器中输入 exit 退出，然后使用 docker ps 命令来验证容器是否仍在运行，结果应该是仍然在运行。

如果你正在跟随示例操作，那么应该使用以下两条命令停止并删除容器（需要替换为你的容器 ID）。容器可能需要几秒才能优雅地停止。

```
$ docker stop e37f24dc7e0a
e37f24dc7e0a

$ docker rm e37f24dc7e0a
e37f24dc7e0a
```

7.2.7 容器生命周期

在本节中，我们将探讨容器的生命周期——从创建、运行、休眠，直至销毁的整个过程。

我们已经了解了如何使用 docker run 命令启动容器。接下来，我们启动另一个容器，以便可以经历它的整个生命周期。

```
$ docker run --name percy -it ubuntu:latest /bin/bash
root@9cb2d2fd1d65:/#
```

这就是创建的容器，我们将其命名为 percy，意指持久化。

现在，我们通过向其中写入一些数据来让它开始工作。

以下步骤会在 /tmp 目录中创建一个新文件并写入一些文本，然后验证操作是否成功。请确保在刚刚启动的容器内执行这些命令。

```
root@9cb2d2fd1d65:/# cd tmp

root@9cb2d2fd1d65:/tmp# ls -l
total 0

root@9cb2d2fd1d65:/tmp# echo "Sunderland is the greatest football team in the world" >
newfile

root@9cb2d2fd1d65:/tmp# ls -l
```

```
total 4
-rw-r--r-- 1 root root 14 Apr 27 11:22 newfile

root@9cb2d2fd1d65:/tmp# cat newfile
Sunderland is the greatest football team in the world
```

按下 Ctrl+PQ 组合键在不杀掉容器的情况下退出容器。

现在，使用 docker stop 命令停止容器并让其切换到休眠状态。

```
$ docker stop percy
percy
```

可以在 docker stop 命令中使用容器的名称或 ID，其格式为 docker stop < 容器 ID 或容器名称 >。

现在运行 docker ps 列出所有正在运行的容器。

```
$ docker ps
CONTAINER ID   IMAGE    COMMAND    CREATED    STATUS     PORTS     NAMES
```

容器 percy 没有出现在输出中，因为它目前处于停止状态。使用 -a 标志再次运行相同的命令来显示所有容器，包括已经停止的容器。

```
$ docker ps -a
CNTNR ID IMAGE           COMMAND    CREATED   STATUS       NAMES
9cb...65 ubuntu:latest   /bin/bash 4 mins     Exited (0)   percy
```

这一次，我们看到容器显示为 Exited (0)。停止容器就像停止虚拟机一样，此时它不再运行，但它的整个配置和内容仍然存在于 Docker 主机上。这意味着它可以在任何时候重新启动。

下面，我们使用 docker start 命令将容器重新启动。

```
$ docker start percy
percy

$ docker ps
CONTAINER ID IMAGE        COMMAND      CREATED   STATUS    NAMES
9cb2d2fd1d65 ubuntu:latest "/bin/bash"  4 mins    Up 7 secs percy
```

此时，停止的容器已经重新启动了。现在来验证我们之前创建的文件是否仍然存在，使用 docker exec 命令连接到重新启动的容器。

```
$ docker exec -it percy bash
root@9cb2d2fd1d65:/#
```

你的 shell 提示符将发生改变，显示你现在正在容器的命名空间内操作。

验证文件是否仍然存在，并包含之前写入的数据。

```
root@9cb2d2fd1d65:/# cd tmp
root@9cb2d2fd1d65:/# ls -l
-rw-r--r-- 1 root root 14 Sep 13 04:22 newfile

root@9cb2d2fd1d65:/# cat newfile
Sunderland is the greatest football team in the world
```

就像变魔术一样，你创建的文件仍然存在那里，内容也和你离开时完全一样。这证明了停止容器不会销毁容器或其中的数据。

这个例子展示了容器持久化特性的本质，但重要的是你要理解两件事：

（1）本例中创建的数据存储在 Docker 主机本地文件系统中。如果 Docker 主机失败，那么数据将会丢失。

（2）由于容器被设计为不可变对象，因此向它们写入数据并不是一种好的做法。

出于这些原因，Docker 提供了卷（volume），它们存在于容器之外，但可以挂载到容器中。

这是容器生命周期的一个有效示例，你很难在容器和虚拟机的生命周期之间找出主要区别。

现在，我们将杀掉容器并从系统中删除它。

可以使用单条命令强制删除正在运行的容器。但是，最好是先停止它，让应用有机会优雅地停止。稍后会对其进行详细介绍。

下一示例将停止、删除 percy 容器，并验证这些操作。如果终端仍然附加在 percy 容器中，则需要按 Ctrl+PQ 组合键来优雅地断开连接。

```
$ docker stop percy
percy

$ docker rm percy
percy

$ docker ps -a
CONTAINER ID   IMAGE   COMMAND   CREATED   STATUS   PORTS   NAMES
```

该容器现在已经被删除了——从系统中消失。如果它是一个好容器，那么之后可能变成一个 WebAssembly 应用。如果它是一个不好的容器，它就会变成一个蹩脚的终端。

概述容器的生命周期。你可以随意多次地停止、启动、暂停和重启容器。除非你明确地删除它，否则基本不可能丢失它的数据。即便如此，如果你将数据存储在容器之外的卷中，那么即使删除了容器，数据依然会保留。

接下来，我们快速解释一下为什么推荐在删除容器之前先停止容器这种两阶段方法。

7.2.8　优雅地停止容器

在前面的例子中，容器运行的是 /bin/bash 应用。当你使用 docker rm <容器> -f 强制删除一个正在运行的容器时，该容器会在没有警告的情况下立即删除。实际上，你没有给容器及其运行的应用任何完成操作和优雅退出的机会。

然而，docker stop 命令要礼貌得多。它为容器内的进程提供了大概 10 秒的时间完成任何最终任务并优雅地关闭。一旦命令执行完毕，就可以使用 docker rm 删除容器。

在幕后，docker stop 命令会向容器内的主应用进程（PID 1）发送一个 SIGTERM 信号。这是一个终止请求，让该进程有机会清理并优雅地关闭自己。如果 10 秒后该进程仍在运行，那么它将接收到一个强制终止它的 SIGKILL 信号。

docker rm <容器> -f 不会先用 SIGTERM 信号礼貌地请求，而是直接进行 SIGKILL。

7.2.9　带重启策略的自愈容器

使用重启策略运行容器通常是一个好主意。这是一种非常基础的自愈形式，它允许本地 Docker 引擎自动重启失败的容器。

重启策略会应用于每个容器。它们可以在 docker run 命令中通过命令行方式命令性地配置，或者在 YAML 文件中声明性地配置，以便与 Docker Swarm、Docker Compose 和 Kubernetes 等高级工具一起使用。

在本书撰写之际，存在以下重启策略：

- always
- unless-stopped
- on-failure

always 策略是最简单的。除非明确停止，否则它总是会重启失败的容器。演示它的一个简单方法是使用 --restart always 策略启动一个新的交互式容器，并告诉它运行一个 shell 进程。当容器启动时，会自动连接到它的 shell。在 shell 中输入 exit 将杀掉容器的 PID 1 进程并杀掉容器。但是，Docker 会自动重启它，因为它具有 --restart always 策略。如果执行 docker ps 命令，你将看到容器的正常运行时间小于自创建以来的时间。下面，我们来测试一下。

```
$ docker run --name neversaydie -it --restart always alpine sh
/#
```

在输入 exit 命令前等待几秒。

退出容器回到正常的 shell 提示符后，检查容器的状态。

```
$ docker ps
CONTAINER ID    IMAGE     COMMAND      CREATED         STATUS         NAME
0901afb84439    alpine    "sh"         35 seconds ago  Up 9 seconds   neversaydie
```

可以看到，容器在 35 秒前创建，但只运行了 9 秒。这是因为 exit 命令杀掉了该容器，而 Docker 重新启动了它。请注意，Docker 是重启了同一个容器，而非创建了一个新容器。实际上，如果你使用 docker inspect 检查它，可以看到 restartCount 已经增加。

--restart always 策略的一个有趣特性是，如果使用 docker stop 停止容器，然后重新启动 Docker 守护进程，那么容器也将重新启动。为了清楚起见，你使用 --restart always 策略启动一个新容器，然后故意使用 docker stop 命令停止它，此时容器处于 Stopped (Exited) 状态。但是，如果重启 Docker 守护进程，那么容器将在守护进程重新启动时自动重启。

always 和 unless-stopped 策略之间的主要区别是，具有 --restart unless-stopped 策略的容器在守护进程重启时，如果它处于 stopped(Exited) 状态，那么它将不会被重启。这句话可能令人感到困惑，下面我们来分析一个例子。

我们将创建两个新容器，一个是使用 --restart always 策略的容器 "always"，另一个是使用 --restart unless-stopped 策略的容器 "unless-stopped"。我们将使用 docker stop 命令停止它们，然后重启 Docker。其中，"always" 容器会重新启动，而 "unless-stopped" 容器则不会。

1. 创建两个新容器。

```
$ docker run -d --name always \
  --restart always \
  alpine sleep 1d

$ docker run -d --name unless-stopped \
  --restart unless-stopped \
  alpine sleep 1d

$ docker ps
CONTAINER ID   IMAGE    COMMAND       STATUS       NAMES
3142bd91ecc4   alpine   "sleep 1d"    Up 2 secs    unless-stopped
4f1b431ac729   alpine   "sleep 1d"    Up 17 secs   always
```

我们现在有两个容器在运行。一个名为 "always"，另一个名为 "unless-stopped"。

2. 停止两个容器。

```
$ docker stop always unless-stopped

$ docker ps -a
CONTAINER ID   IMAGE   STATUS                      NAMES
3142bd91ecc4   alpine  Exited (137) 3 seconds ago  unless-stopped
4f1b431ac729   alpine  Exited (137) 3 seconds ago  always
```

3. 重启 Docker。

不同的操作系统重启 Docker 的过程有所不同。这个例子展示了如何在运行 `systemd` 的 Linux 主机上停止 Docker。如果要求输入密码，那么只须在命令前面加上 `sudo` 重新运行命令。

```
$ systemctl restart docker
```

4. Docker 重启后，可以检查容器的状态。

```
$ docker ps -a
CONTAINER   CREATED         STATUS                     NAMES
314..cc4    2 minutes ago   Exited (137) 2 minutes ago  unless-stopped
4f1..729    2 minutes ago   Up 9 seconds               always
```

请注意，"always" 容器（用 `--restart always` 策略启动）已经重启，但 "unless-stopped" 容器（用 `--restart unless-stopped` 策略启动）却没有。

如果容器以非零的退出代码退出，那么 on-failure 策略将会重启该容器。当 Docker 守护进程重启时，它也会重启容器，即使是处于停止状态的容器。

如果使用 Docker Compose 或 Docker Stacks，那么可以像下面这样对 `service` 对象应用重启策略。我们将在本书后续内容中详细讨论这些技术。

```
services:
  myservice:
    <Snip>
    restart_policy:
      condition: always | unless-stopped | on-failure
```

7.2.10　Web 服务器示例

到目前为止，我们已经看到了如何启动一个简单的容器并与其交互。我们还了解了如何停止、重启和删除容器。现在来看一个基于 Linux 的 Web 服务器示例。

在该例子中，我们将从一个镜像启动一个新容器，该镜像中包含一个运行在 8080 端口上的简单 Node.js 应用。

运行 docker stop 和 docker rm 命令清理前面示例中的容器。

运行以下命令启动一个新的 Web 服务器容器。

```
$ docker run -d --name webserver -p 80:8080 \
  nigelpoulton/ddd-book:web0.1
```

注意，shell 提示符并没有改变，这是因为容器是通过 -d 标志在后台启动的。像这样启动一个容器并不会将其连接到终端。

看一下该命令中的其他一些参数。

我们知道 docker run 会启动一个新容器。不过，这次我们给它指定了 -d 标志，而非 -it 标志。-d 表示分离（detached）或守护（daemon）模式，告诉容器在后台运行。你不能在同一条命令中同时使用 -d 和 -it 标志。

之后，该命令将容器命名为 "webserver"。-p 标志将 Docker 主机上的 80 端口映射到容器内的 8080 端口，这意味着到达 Docker 主机 80 端口的流量将被定向到容器内部的 8080 端口。我们为该容器使用的镜像包含一个侦听 8080 端口的 Web 服务，这意味着容器将运行一个侦听 8080 端口的 Web 服务器。

最后，该命令还指定容器所使用的镜像：nigelpoulton/dddbook:web0.1 镜像。其中后者包含一个 Node.js 的 Web 服务器和所有依赖。由于它大约每年维护一次，因此可能会包含漏洞！

容器运行后，docker ps 命令将显示正在运行的容器以及映射的端口。重要的是要知道，端口映射表示为主机端口：容器端口。

```
$ docker ps
CONTAINER ID   COMMAND           STATUS       PORTS               NAMES
b92d95e0b95b   "node ./app.js"   Up 2 mins    0.0.0.0:80->8080/tcp  webserver
```

> **注意**
>
> 为了提高可读性，有些列已经从输出中删除了。

既然容器已经运行并映射了端口，那么你可以将 Web 浏览器导航到 80 端口上的 Docker 主机 IP 地址或 DNS 名称来连接它。如果你使用 Docker Desktop 在本地运行 Docker，那么可以连接到 `localhost:80` 或 `127.0.0.1:80`。

图 7.4 展示了由容器服务提供的 Web 页面。

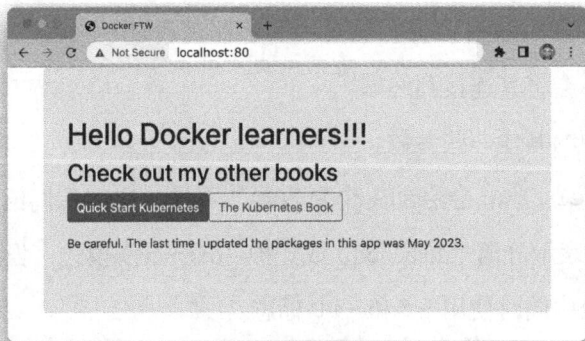

图 7.4　运行于容器中的 Web 页面

`docker stop`、`docker pause`、`docker start` 和 `docker rm` 命令同样也可以在容器上使用。

7.2.11　检查容器

在前面的 Web 服务器示例中，你可能已经注意到，当我们执行 `docker run` 命令时，并没有为容器指定应用。然而，容器却运行了一个 Web 服务。这是怎么发生的呢？

在构建 Docker 镜像时，可以嵌入一条指令来列出使用该镜像的任何容器的默认应用。可以通过运行 docker inspect 命令来查看任何镜像的这些信息。

```
$ docker inspect nigelpoulton/ddd-book:web0.1

[
    {
        "Id": "sha256:4b4292644137e5de...fc6d0835089b",
        "RepoTags": [
            "nigelpoulton/ddd-book:web0.1"

            <Snip>

        ],
        "Entrypoint": [
            "node",
            "./app.js"
        ],
<Snip>
```

输出被截断，以便更容易地找到我们感兴趣的信息。

Cmd 或 Entrypoint 条目之后显示的条目是容器将运行的应用，除非在使用 docker run 命令启动时使用另一个应用覆盖它。

构建带有像这样的默认命令的镜像是常见的，因为它使启动容器变得更容易。它还强制执行默认行为，并且可以通过检查镜像的方式来了解它设计运行的应用是什么。

本章例子就到此为止。接下来，我们来看一种快速清理系统的方法。

7.2.12　清理

本节中，我们看看清除 Docker 主机上所有正在运行的容器的最简单快速的方法。但请注意，这个过程将强制销毁所有容器，而不给它们清理的机会。永远不要在生产系统或运行重要容器的系统上执行该操作。

在 Docker 主机的 shell 中运行以下命令删除所有容器，它将在没有警告的情况下删除所有容器。

```
$ docker rmi $(docker ps -aq) -f
b92d95e0b95b
```

在该例子中，由于只有一个容器在运行，所以只删除了一个。不过，该命令与我们在前一章中删除 Docker 主机上所有镜像所使用的 docker rmi $(docker images-q) 的工作方式相同。我们已经知道，docker container rm 命令会删除容器。将 $(docker ps -aq) 作为参数传递给该命令，将有效地向其传递系统上每个容器的 ID。-f 标志表示强制执行操作，这样即使处于运行状态的容器也会被销毁。最终结果是，所有容器（运行的或停止的）将被销毁并从系统中删除。

7.3 容器——命令

- docker run 是用于启动新容器的命令。该命令的最简单形式接收镜像和命令作为参数。其中，镜像用于创建容器，命令是容器启动时将运行的应用。下面例子将在前台启动一个 Ubuntu 容器，并告诉它运行 Bash shell：docker run -it Ubuntu /bin/bash。

- Ctrl+PQ 组合键将从容器的终端分离 shell，并让容器在后台运行。

- docker ps 列出所有处于运行状态的容器。如果添加 -a 标志，还将看到处于停止（Exited）状态的容器。

- docker exec 在一个正在运行的容器中运行一个新进程。它用于将 Docker 主机的 shell 连接到正在运行的容器内的终端。docker exec -it <容器名或容器 ID> bash 命令会在一个运行的容器中启动一个新的 Bash shell 并连接到它。为此，用于创建容器的镜像中必须包含 Bash shell。

- docker stop 将停止正在运行的容器，并将其置于 Exited (0) 状态。它向容器内 PID 为 1 的进程发出一个 SIGTERM 信号，如果进程没有在 10 秒内清理并停止，那么它将发送一个 SIGKILL 信号强制停止容器。docker stop 接收容器 ID 和容器名称作为参数。

- docker start 将重启停止的容器。可以向其传递容器名称或 ID。

- docker rm 将删除已停止的容器。你可以通过名称或 ID 指定容器。推荐在使用 docker rm 删除容器之前，先使用 docker stop 命令停止容器。
- docker inspect 将展示容器的详细配置和运行时信息。它接收容器名称和容器 ID 作为其主要参数。

7.4　本章小结

在本章中，我们对比了容器和虚拟机模型，了解了虚拟机模型固有的操作系统开销问题，并分析了容器模型如何带来巨大的优势。

我们学习了如何使用 docker run 命令启动几个简单的容器，并掌握了前台交互式容器和后台运行的守护容器之间的区别。

我们知道，杀掉容器内 PID 为 1 的进程也将会杀掉容器本身，并学习了如何启动、停止和删除容器。

最后，我们使用 docker inspect 命令来查看详细的容器元数据，以此结束了本章的学习。

第 **8** 章　容器化应用

Docker 的主要目标是简化将应用源代码整合到容器中并且运行起来，该过程称为容器化（containerization）。

在本章中，我们将介绍一些简单 Linux 应用的容器化过程。如果你想跟着一起学习，那么需要一个 Docker 环境。第 3 章中的任何环境都可以正常工作。

按照惯例，本章分为 3 部分：

- 简介
- 详解
- 命令

接下来，让我们开始容器化一个应用！

8.1　容器化应用——简介

容器的主要目标就是使应用的构建、部署和运行更简单。端到端的流程如下：

1. 从应用代码和依赖开始；

2. 创建一个 Dockerfile，用于描述你的应用、依赖以及如何运行应用；

3. 将 Dockerfile 传递给 `docker build` 命令，构建一个镜像；

4. 将新镜像推送到镜像仓库服务（可选）；

5. 从镜像中运行一个容器。

图 8.1 展示了这个过程。

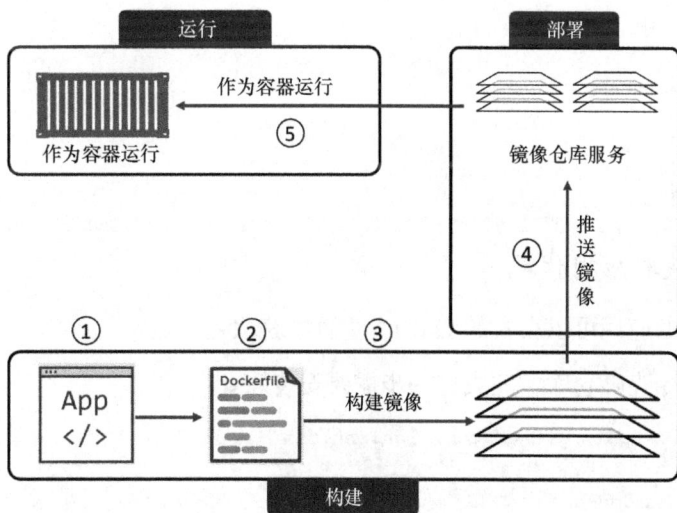

图 8.1 容器化应用的基本流程

8.2 容器化应用——详解

我们将详解部分拆分为以下内容：

- 单容器应用容器化

- 通过多阶段构建进行生产部署

- 多平台构建

- 一些最佳实践

8.2.1　单容器应用容器化

本节将介绍一个简单的 Node.js 应用的容器化过程。

我们将完成以下步骤：

- 克隆仓库以获取应用代码

- 查看 Dockerfile

- 容器化应用

- 运行应用

- 测试应用

- 深入分析

8.2.1.1　获取应用代码

本例中使用的应用可以在我的 GitHub 主页中获取：

运行以下命令克隆仓库，完成这一步需要安装好 git。

```
$ git clone https://github.com/nigelpoulton/ddd-book.git

Cloning into 'ddd-book'...
remote: Enumerating objects: 47, done.
remote: Counting objects: 100% (47/47), done.
remote: Compressing objects: 100% (32/32), done.
remote: Total 47 (delta 11), reused 44 (delta 11), pack-reused 0
Receiving objects: 100% (47/47), 167.30 KiB | 1.66 MiB/s, done.
Resolving deltas: 100% (11/11), done.
```

克隆操作会在工作目录中创建一个名为 ddd-book 的新目录。将目录切换到 ddd-book/web-app 并列出其内容。

```
$ cd ddd-book/web-app

$ ls -l
total 20
-rw-rw-r-- 1 ubuntu ubuntu  324 May 20 07:44 Dockerfile
```

```
-rw-rw-r-- 1 ubuntu ubuntu  377 May 20 07:44 README.md
-rw-rw-r-- 1 ubuntu ubuntu  341 May 20 07:44 app.js
-rw-rw-r-- 1 ubuntu ubuntu  404 May 20 07:44 package.json
drwxrwxr-x 2 ubuntu ubuntu 4096 May 20 07:44 views
```

这个目录称为构建上下文（build context），其中包含应用的所有源代码，以及一个包含依赖列表的文件。将应用的 Dockerfile 保存在构建上下文中也是一种常见做法。

现在我们已经有了应用代码，下面我们看看它的 Dockerfile。

8.2.1.2　查看 Dockerfile

Dockerfile 描述了一个应用，并告诉 Docker 如何将其构建为镜像。

不要低估 Dockerfile 作为文档的重要性，它是连接开发人员和运维人员的桥梁，还能加快团队新成员熟悉项目的速度，这是因为 Dockerfile 以易于阅读的格式准确描述了应用及其依赖。你应该像对待源代码一样对待它，并将其保存在版本控制系统中。

下面，我们来看看这个应用的 Dockerfile 内容。

```
$ cat Dockerfile

FROM alpine
LABEL maintainer="nigelpoulton@hotmail.com"
RUN apk add --update nodejs npm
COPY . /src
WORKDIR /src
RUN npm install
EXPOSE 8080
ENTRYPOINT ["node", "./app.js"]
```

概括来说，示例 Dockerfile 说明了以下内容：以 alpine 镜像作为基础层，指定"nigelpoulton@hotmail.com"为维护者，安装 Node.js 和 NPM，将构建上下文中的所有内容复制到镜像中的 /src 目录，将工作目录设置为 /src，安装依赖，记录应用的网络端口，并将 app.js 设置为默认运行的应用。

接下来，我们更详细地对其进行分析。

Dockerfile 通常以 FROM 指令开始。该指令将拉取一个镜像作为 Dockerfile 将要构建的镜像的基础层，其他所有内容都将作为新层添加到这个基础层之上。该 Dockerfile 文件中定义的应用是一个 Linux 应用，因此 FROM 指令指定了一个基于 Linux 的镜像。如果要容器化一个 Windows 应用，需要指定一个合适的 Windows 基础镜像。

此时，Dockerfile 中的镜像仅包含一层，如图 8.2 所示。

接下来，Dockerfile 创建了一个 LABEL（标签），指定 "nigelpoulton@hotmail.com" 作为镜像的维护者。标签是可选的键值对，是添加自定义元数据的好方法。将维护者信息列出来是一种最佳实践，这样其他用户在遇到问题时就有了联系的途经。

RUN apk add --update nodejs nodejs-npm 命令会使用 apk 包管理器将 nodejs 和 nodejs-npm 安装到镜像中。它通过添加一个新镜像层并将包安装到该层来实现这一点。在 Dockerfile 的这一部分，镜像看起来如图 8.3 所示。

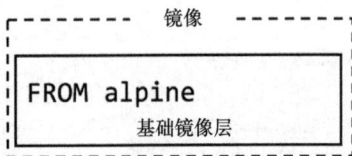

图 8.2　Dockerfile 中的基础镜像　　　　图 8.3　当前镜像结构

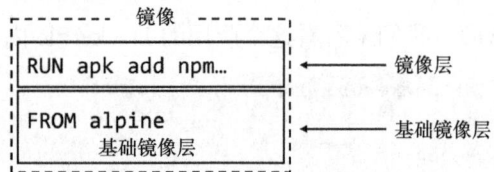

COPY . /src 指令创建了另一个新层，并将构建上下文中的应用和依赖文件复制到该层中。此时，镜像共包含 3 层，如图 8.4 所示。

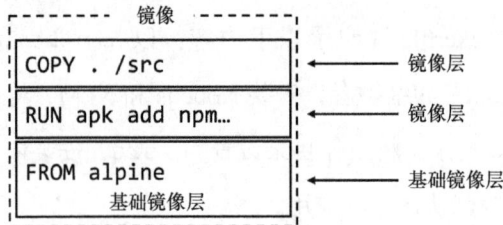

图 8.4　当前的 3 层镜像

接下来，Dockerfile 使用 WORKDIR 指令为其余指令设置工作目录，这将创建元数据，而不会创建新的镜像层。

RUN npm install 指令运行在前一指令设置的 WORKDIR 的上下文中，将 package.json 中列举的依赖安装到另一个新镜像层中。此时，Dockerfile 中的镜像包含了 4 层，如图 8.5 所示。

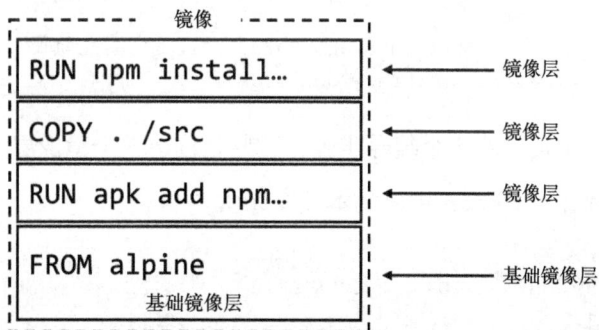

图 8.5　当前的 4 层镜像

该应用在 8080 端口上暴露了一个 Web 服务，因此 Dockerfile 使用 EXPOSE 8080 指令来记录它。最后，ENTRYPOINT 指令设置了在容器启动时要运行的应用。以上这两条命令都是作为元数据添加的，不会创建新层。

8.2.1.3　容器化应用 / 构建镜像

现在我们已经了解了相关理论，接下来看看它的实际应用。

下面的命令将构建一个名为 ddd-book:ch8.1 的新镜像。命令末尾的句点（.）告诉 Docker 使用当前工作目录作为构建上下文。请记住，构建上下文是存储应用和所有依赖的地方。

请确保包含末尾的句点（.），并确保从 web-app 目录运行该命令。

```
$ docker build -t ddd-book:ch8.1 .

[+] Building 16.2s (10/10) FINISHED
```

```
=> [internal] load build definition from Dockerfile      0.0s
=> => transferring dockerfile: 335B                      0.0s
=> => transferring context: 2B                           0.0s
=> [1/5] FROM docker.io/library/alpine                   0.1s
=> CACHED [2/5] RUN apk add --update nodejs npm curl     0.0s
=> [3/5] COPY . /src                                     0.0s
=> [4/5] WORKDIR /src                                    0.0s
=> [5/5] RUN npm install                                 10.4s
=> exporting to image                                    0.2s
=> => exporting layers                                   0.2s
=> => writing image sha256:f282569b8bd0f0...016cc1adafc91  0.0s
=> => naming to docker.io/library/ddd-book:ch8.1
```

请注意构建输出中报告的 5 个编号步骤，这些是创建 5 个镜像层的步骤。

检查镜像是否存在于 Docker 主机的本地仓库中。

```
$ docker images
REPO        TAG      IMAGE ID      CREATED         SIZE
ddd-book    ch8.1    f282569b8bd0  4 minutes ago   95.4MB
```

恭喜，应用已经实现了容器化！

可以使用 docker inspect ddd-book:ch8.1 命令验证镜像的配置，它将列出 Dockerfile 中配置的所有设置。

注意镜像层列表和 Entrypoint 命令。

```
$ docker inspect ddd-book:ch8.1
[
    {
        "Id": "sha256:f282569b8bd0...016cc1adafc91",
        "RepoTags": [
            "ddd-book:ch8.1"
            <Snip>
            "WorkingDir": "/src",
            "Entrypoint": [
                "node",
                "./app.js"
            ],
            "Labels": {
                "maintainer": "nigelpoulton@hotmail.com"
            <Snip>
```

```
        "Layers": [
            "sha256:94dd7d531fa5695c0c033dcb69f213c2b4c3b5a3ae6e497252ba88da87169c3f",
            "sha256:a990a785ba64395c8b9d05fbe32176d1fb3edd94f6fe128ed7415fd7e0bb4231",
            "sha256:efeb99f5a1b27e36bc6c46ea9eb2ba4aab942b47547df20ee8297d3184241b1d",
            "sha256:5f70bf18a086007016e948b04aed3b82103a36bea41755b6cddfaf10ace3c6ef",
            "sha256:ccf07adfaecfba485ecd7274c092e7343c45e539fa4371c5325e664122c7c92b"
        ]
<Snip>
```

8.2.1.4　推送镜像

创建镜像后，最好将其存储在镜像仓库服务中，以保证安全性，并使镜像可供其他人使用。Docker Hub 是最常见的公共镜像仓库服务，而且它是 `docker push` 命令的默认推送位置。

如果想将镜像推送到 Docker Hub，那么就需要一个 Docker ID（Docker Hub 用户名），还需要适当地为镜像打标签。

如果你还没有 Docker ID，那么现在就到 hub.docker.com 上注册一个吧，注册账号是免费的。

请确保在示例中用你自己的 Docker ID 替换示例中的 Docker ID。所以，每当你看到 nigelpoulton 时，请将其换成你的 Docker ID。

```
$ docker login
Login with your Docker ID to push and pull images from Docker Hub.
Username: nigelpoulton
Password:
WARNING! Your password will be stored unencrypted in /home/ubuntu/.docker/config.json.
Configure a credential helper to remove this warning.
```

在推送镜像之前，需要为镜像打上适当的标签，因为标签包含了以下重要信息：

- 镜像仓库服务 DNS 名称
- 仓库名称
- 标签

Docker 假设你想推送到 Docker Hub。不过，你可以通过在镜像标签的开头添加镜像仓库服务 URL 来推送到其他镜像仓库服务。

在前面的示例中，`docker images` 的输出显示镜像被标记为 `ddd-book:ch8.1`。`docker push` 会尝试将其推送到 Docker Hub 上名为 `ddd-book` 的仓库中。然而，这个仓库并不存在，我也没有权限访问它，因为我所有的仓库都存在于二级命名空间 `nigelpoulton` 中。这意味着我需要重新为镜像打标签以包含我的 Docker ID。操作时记得替换成自己的 Docker ID。

命令格式为：`docker tag <当前标签 > <新标签 >`。这会增加一个额外的标签，而不会覆盖原来的标签。

```
$ docker tag ddd-book:ch8.1 nigelpoulton/ddd-book:ch8.1
```

再次运行 `docker images`，可以看到该镜像现在有两个标签。

```
$ docker images
REPO                    TAG     IMAGE ID      CREATED       SIZE
ddd-book                ch8.1   f282569b8bd0  13 mins ago   95.4MB
nigelpoulton/ddd-book   ch8.1   f282569b8bd0  13 mins ago   95.4MB
```

现在我们可以将其推送到 Docker Hub，在此之前请确保替换成了你的 Docker ID。

```
$ docker push nigelpoulton/ddd-book:ch8.1
The push refers to repository [docker.io/nigelpoulton/ddd-book]
ccf07adfaecf: Pushed
5f70bf18a086: Layer already exists
efeb99f5a1b2: Pushed
a990a785ba64: Pushed
94dd7d531fa5: Layer already exists
ch8.1: digest: sha256:80063789bce73a17...09ea29c5e6a91c28b4 size: 1365
```

图 8.6 展示了 Docker 如何确定推送位置。

```
        docker info                                            镜像标签
   命令的默认镜像仓库服务
  ┌───────────────┐                                         ┌────────┐
  docker.io/nigelpoulton/ddd-book:ch8.1
            └─────────────────────────────┘
                   docker images
                    命令的仓库
```

图 8.6　Docker 确定推送位置的方式

既然镜像已经推送到镜像仓库服务，那么此时你可以在任何地方通过互联网连接访问它。此外，你还可以授予其他人拉取和推送更改的权限。

8.2.1.5 运行应用

容器化的应用是一个监听 8080 端口的 Web 服务器，可以在从 GitHub 克隆的构建上下文中的 app.js 文件里验证这一点。

下面的命令将基于刚刚创建的 ddd-book:ch8.1 镜像启动一个名为 c1 的新容器，并将 Docker 主机的 80 端口映射到容器内的 8080 端口。这意味着你可以通过在 Web 浏览器地址栏中输入容器的 Docker 主机的 DNS 名称或 IP 地址来访问应用。

> **注意**
>
> 如果你的主机已经在 80 端口上运行了服务，那么将收到一个 "port is already allocated" 的错误。如果发生了这种情况，请指定一个不同端口，比如 5000 或 5001。例如，要将应用映射到 Docker 主机的 5000 端口，可以使用 -p 5000:8080 标志。

```
$ docker run -d --name c1 \
  -p 80:8080 \
  ddd-book:ch8.1
```

-d 标志表示在后台运行容器，-p 80:8080 标志表示将主机的 80 端口映射到容器内部的 8080 端口。

检查容器是否正在运行，并验证端口映射。

```
$ docker ps

ID    IMAGE           COMMAND           STATUS       PORTS              NAMES
49..  ddd-book:ch8.1  "node ./app.js"   UP 18 secs   0.0.0.0:80->8080/tcp  c1
```

为了提高可读性，上面的输出进行了截断，但显示容器正在运行。请注意，80 端口映射在了所有主机接口上（0.0.0.0:80）。

8.2.1.6　测试应用

打开一个 Web 浏览器，将其指向运行容器的主机的 DNS 名称或 IP 地址。如果使用的是 Docker Desktop 或其他在本地机器上运行容器的技术，那么可以使用 `localhost` 作为 DNS 名称。否则，请使用 Docker 主机的 IP 或 DNS。

你会看到如图 8.7 所示的网页。

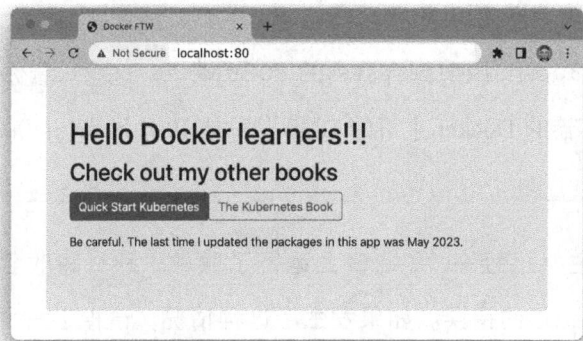

图 8.7　访问应用页面

如果测试不成功，请尝试以下操作。

1. 使用 `docker ps` 命令确保容器已经启动并运行。容器名称是 `c1`，你应该看到端口映射为 `0.0.0.0:80->8080/tcp`。

2. 确认防火墙和其他网络安全设置没有阻止访问 Docker 主机的 80 端口。

3. 重试 `docker run` 命令，并指定 Docker 主机上的一个高编号端口，比如 `-p 5001:8080`。

恭喜，应用已被成功容器化，并以容器形式运行！

8.2.1.7　详细分析

现在应用已经成功容器化，接下来我们详细分析其中的工作机制。

`docker build` 命令从头开始逐行解析 Dockerfile 文件。

注释行以 `#` 字符开始。

所有非注释行都是指令，并采用<指令><参数>格式。指令名不区分大小写，但通常会用大写字母书写，以使读取文件更容易。

一些指令会创建新层，而另一些指令则只是添加元数据。

创建新层的指令示例包括 FROM、RUN 和 COPY。创建元数据的指令示例包括 EXPOSE、WORKDIR、ENV 和 ENTRYPOINT。基本前提是：如果一条指令添加了文件和程序等内容，那么它将创建一个新层；如果添加关于如何构建镜像和运行容器的指令，那么将会创建元数据。

可以使用 docker history 命令查看用以构建镜像的指令。

```
$ docker history ddd-book:ch8.1


IMAGE            CREATED BY                                        SIZE
f282569b8bd0     ENTRYPOINT ["node" "./app.js"]                    0B
<missing>        EXPOSE map[8080/tcp:{}]                           0B
<missing>        RUN /bin/sh -c npm install                        24.2MB
<missing>        WORKDIR /src                                      0B
<missing>        COPY . /src #                                     8.41kB
<missing>        RUN /bin/sh -c apk add --update nodejs npm        63.4MB
<missing>        LABEL maintainer=nigelpoulton@hotmail.com         0B
<missing>        /bin/sh -c #(nop) CMD ["/bin/sh"]                 0B
<missing>        /bin/sh -c #(nop) ADD file:df7fccc3453b6ec1       7.73MB
```

输出中有两点值得注意。

首先，每一行对应 Dockerfile 中的一条指令（从下往上）。CREATED BY 列甚至列出了执行的确切 Dockerfile 指令。

其次，输出中只有 4 行创建了新层（SIZE 列中具有非零值的行），它们对应 Dockerfile 中的 FROM、RUN 和 COPY 指令。其他指令则创建元数据而非镜像层。

使用 docker inspect 命令查看镜像层列表。

```
$ docker inspect ddd-book:ch8.1

<Snip>
},
```

```
"RootFS": {
    "Type": "layers",
    "Layers": [
        "sha256:94dd7d531fa5695c0c033dcb69f213c2b4c3b5a3ae6e497252ba88da87169c3f",
        "sha256:a990a785ba64395c8b9d05fbe32176d1fb3edd94f6fe128ed7415fd7e0bb4231",
        "sha256:efeb99f5a1b27e36bc6c46ea9eb2ba4aab942b47547df20ee8297d3184241b1d",
        "sha256:ccf07adfaecfba485ecd7274c092e7343c45e539fa4371c5325e664122c7c92b"
    ]
},
```

图 8.8 将 Dockerfile 指令映射到了镜像层。其中，镜像层 ID 在你的环境中会有所不同。带有箭头指向的 Dockerfile 指令会创建镜像层，而其他的则不会。

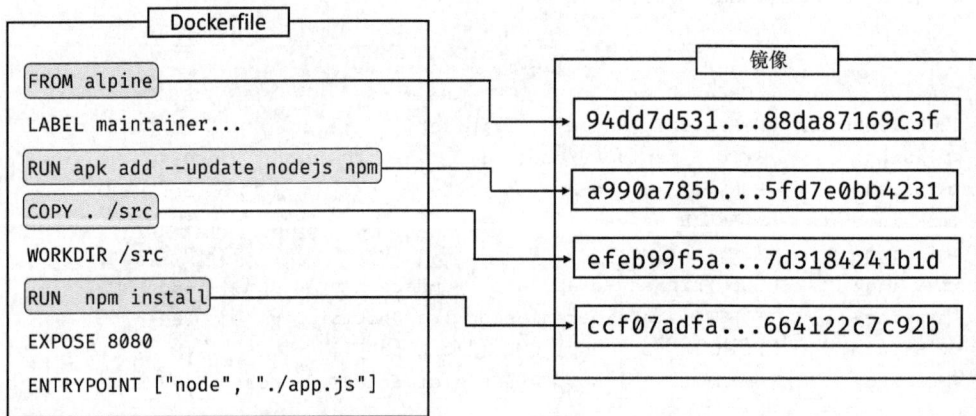

图 8.8　Dockerfile 指令与镜像层的映射关系

> **注意**
>
> 　　Docker 使用的构建器中可能存在 bug 会导致 WORKDIR 指令创建镜像层。这可能会导致你的环境显示的层比预期的多。

使用官方仓库中的镜像作为新镜像的基础层通常是一种良好的做法。这是因为他们的内容经过了审查，并且在漏洞修复后可以快速发布新版本。

8.2.2 通过多阶段构建进行生产部署

对于 Docker 镜像来说，体积大不是一件好事！例如：

- 体积大意味着运行速度慢

- 体积大意味着潜在漏洞更多

- 体积大意味着攻击面更大

出于这些原因，容器镜像应该只包含在生产环境中运行应用所需的内容。

在过去，保持镜像体积小是一项艰巨的工作。然而，多阶段构建（multi-stage build）使其变得容易。以下是宏观介绍。

多阶段构建在一个 Dockerfile 中有多条 FROM 指令，每条 FROM 指令都是一个新的构建阶段。可以在一个大型镜像中完成构建应用的繁重工作，这个大型镜像包含了需要的所有编译器和其他构建工具。然后，可以将最终的生产环境应用复制到用于生产的小镜像中。另外，还可以并行执行构建步骤以加快构建速度。

宏观流程如图 8.9 所示。阶段①利用需要的所有构建和编译工具构建一个镜像。阶段②复制你的应用代码并进行构建。阶段③创建一个可用于生产环境的小镜像，该镜像只包含运行应用所需的内容。

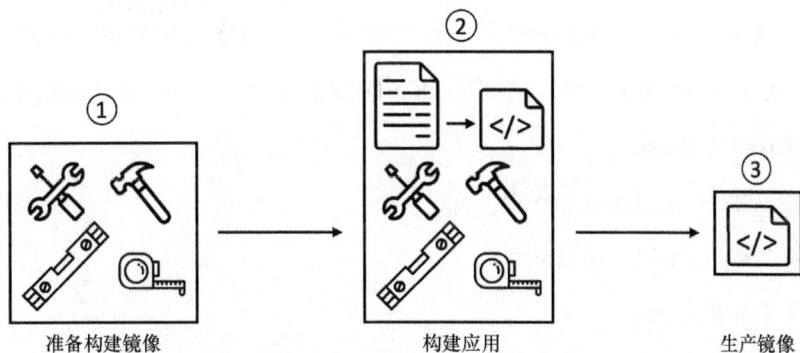

图 8.9 多阶段构建宏观流程图

下面，我们来看一个例子！

该示例的所有代码都位于本书 GitHub 仓库的 multi-stage 文件夹中。该示例是一个简单的 Go 应用，包含客户端和服务器，借鉴自 GitHub 上的 Docker samples buildme 仓库。如果你不是 Go 程序员，也不要担心，因为我们将只关注 Dockerfile。你唯一需要知道的是，它将客户端和服务器端应用构建为可执行文件，这些文件的运行不需要 Go 语言或任何其他工具或运行时。

Dockerfile 文件如下所示：

```
FROM golang:1.20-alpine AS base
WORKDIR /src
COPY go.mod go.sum .
RUN go mod download
COPY . .

FROM base AS build-client
RUN go build -o /bin/client ./cmd/client

FROM base AS build-server
RUN go build -o /bin/server ./cmd/server

FROM scratch AS prod
COPY --from=build-client /bin/client /bin/
COPY --from=build-server /bin/server /bin/
ENTRYPOINT [ "/bin/server" ]
```

首先要注意的是 Dockerfile 中包含 4 条 FROM 指令。每条指令都是一个独立的构建阶段，Docker 从 0 开始为它们编号。然而，每个阶段都被赋予了一个便于理解的名称。

- 阶段 0 称为 base
- 阶段 1 称为 build-client
- 阶段 2 称为 build-server
- 阶段 3 称为 prod

每个阶段生成的镜像都可以被其他阶段使用，这些中间镜像在最终构建完成后会被清理。

base 阶段的目标是创建一个可复用的构建镜像，其中包含在后续阶段构建应用所需的所有工具。此阶段创建的镜像仅用于构建应用，不用于生产环境。

它拉取了 golang:1.20-alpine 镜像，该镜像在主机上解压后的大小超过 250MB。它将工作目录设置为 /src，并复制了 go.mod 和 go.sum 文件。

这些列出了应用的依赖和哈希值。接下来，安装了依赖并将应用代码复制到镜像中。该阶段将添加 3 个新的镜像层，其中包含很多构建相关的内容，但应用代码并不多。当此构建阶段完成后，它将输出一个可供后续阶段使用的大型镜像。

build-client 阶段不会拉取新镜像。相反，它通过 FROM base AS build-client 指令来使用 base 阶段创建的中间镜像。然后，它使用 RUN 指令将客户端应用构建为二进制可执行文件。此阶段的目标是使用编译后的客户端二进制文件创建一个镜像，以便在以后的构建阶段中引用。

build-server 阶段对应用的服务器组件也做了同样的事情，并输出一个镜像以供后续阶段引用。

build-client 和 build-server 阶段可以并行运行，以加快构建过程。

prod 阶段拉取最小的 scratch 镜像，然后使用 COPY --from 指令从 build-client 阶段复制已编译的客户端应用，并从 build-server 阶段复制已编译的服务器应用。它输出最终的镜像，该镜像只是一个包含客户端和服务器应用的微小的 scratch 镜像。

接下来，我们实际操作一下。

切换到仓库的 multi-stage 目录并验证 Dockerfile 是否存在。

```
$ ls -1

total 28
-rw-rw-r-- 1 ubuntu ubuntu  368 May 21 10:09 Dockerfile
-rw-rw-r-- 1 ubuntu ubuntu  433 May 21 10:09 Dockerfile-final
-rw-rw-r-- 1 ubuntu ubuntu  305 May 21 10:09 README.md
drwxrwxr-x 4 ubuntu ubuntu 4096 May 21 10:09 cmd
```

```
-rw-rw-r-- 1 ubuntu ubuntu 1013 May 21 10:09 go.mod
-rw-rw-r-- 1 ubuntu ubuntu 5631 May 21 10:09 go.sum
```

执行构建。观察 build-client 和 build-server 阶段如何并行执行，这能加速大型构建。

```
$ docker build -t multi:stage .

[+] Building 18.6s (14/14) FINISHED
 => [internal] load build definition from Dockerfile          0.0s
 => => transferring dockerfile: 407B                          0.0s
 <Snip>
 => [build-client 1/1] RUN go build -o /bin/client ./cmd/client   15.8s
 => [build-server 1/1] RUN go build -o /bin/server ./cmd/server   14.8s
 <Snip>
```

运行 docker images 查看新镜像。

```
$ docker images

REPO    TAG    IMAGE ID      CREATED        SIZE
multi   stage  638e639de548  3 minutes ago  15MB
```

最终的生产镜像只有 15MB，这比用于创建构建环境的 250MB 基础镜像小得多。这是因为多阶段构建的最后阶段使用了微小的 scratch 镜像，并且只添加了编译的客户端和服务器二进制文件。

下面的 docker history 命令显示了最终的生产镜像，它只包含两层：一层复制客户端二进制文件，另一层复制服务器二进制文件。之前的构建阶段都不包含在最终的生产镜像中。

```
$ docker history multi:stage
IMAGE          CREATED        CREATED BY                       SIZE
638e639de548   6 minutes ago  ENTRYPOINT ["/bin/server"]       0B
<missing>      6 minutes ago  COPY /bin/server /bin/ # buildkit 7.46MB
<missing>      6 minutes ago  COPY /bin/client /bin/ # buildkit 7.58MB
```

8.2.2.1 多阶段构建和构建目标

也可以利用一个 Dockerfile 构建多个镜像。

在我们的例子中，可能想为客户端和服务器二进制文件创建单独的镜像，可以通过将 Dockerfile 中的最终 prod 阶段拆分成两个阶段来实现，如下所示。这在代码仓库中以 Dockerfile-final 文件形式存在。

```
FROM golang:1.20-alpine AS base
WORKDIR /src
COPY go.mod go.sum .
RUN go mod download
COPY . .

FROM base AS build-client
RUN go build -o /bin/client ./cmd/client

FROM base AS build-server
RUN go build -o /bin/server ./cmd/server

FROM scratch AS prod-client
COPY --from=build-client /bin/client /bin/
ENTRYPOINT [ "/bin/client" ]

FROM scratch AS prod-server
COPY --from=build-server /bin/server /bin/
ENTRYPOINT [ "/bin/server" ]
```

唯一的变化是最后两个构建阶段，它们原本是一个单一的 prod 阶段。

我们可以像下面那样在两个 docker build 命令中引用这些阶段名。命令中的 -f 标志用于引用包含两个独立生产阶段的 Dockerfile 文件 Dockerfile-final。

```
$ docker build -t multi:client --target prod-client -f Dockerfile-final .
<Snip>

$ docker build -t multi:server --target prod-server -f Dockerfile-final .
<Snip>
```

检查构建和镜像大小。

```
$ docker images
REPOSITORY   TAG      IMAGE ID      CREATED          SIZE
multi        client   0d318210282f  23 minutes ago   7.58MB
multi        server   f1dbe58b5dbe  39 minutes ago   7.46MB
multi        stage    638e639de548  23 minutes ago   15MB
```

这 3 个镜像都已经存在。client 和 server 镜像都是 stage 镜像大小的一半，这是因为 stage 镜像包含了客户端和服务器二进制文件。

8.2.2.2　多平台构建

docker build 命令允许你通过单一命令为多个不同的平台构建镜像。举个简单的例子，我在搭载 ARM 芯片的 M1 Mac 上构建了本书中的所有镜像。然而，我使用多平台构建为其他平台（如 AMD64）构建镜像。这样，无论你使用的是 ARM 还是 AMD（x64），都可以使用本书中的镜像。

需要使用 docker buildx 命令来执行多平台构建。幸运的是，Docker Desktop 以及许多现代 Docker 引擎安装包中已经附带了 buildx。

下面的步骤将配置 docker buildx，并引导你完成多平台构建。这些步骤已经在 M1 Mac 上的 Docker Desktop 上进行了测试。

检查你是否安装了 buildx。

```
$ docker buildx version
github.com/docker/buildx v0.10.4 c513d34
```

创建一个使用 docker-container 端点的名为 docker 的构建器。

```
$ docker buildx create --driver=docker-container --name=container
```

在本书 GitHub 仓库的 web-fe 目录下运行以下命令，该命令为以下 3 个平台构建镜像并直接将它们导出到 Docker Hub：

- linux/amd64
- linux/arm64
- linux/arm/v7

在使用该命令直接推送到 Docker Hub 之前，请确保将命令中的 Docker ID 替换成你自己的，否则在尝试推送到我的仓库时将会失败。

```
$ docker buildx build --builder=container \
  --platform=linux/amd64,linux/arm64,linux/arm/v7 \
```

```
   -t nigelpoulton/ddd-book:ch8.1 --push .

[+] Building 79.3s (24/24) FINISHED
<Snip>
=> CACHED [linux/amd64 2/5] RUN apk add --update nodejs npm curl        0.0s
=> CACHED [linux/arm64 2/5] RUN apk add --update nodejs npm curl        0.0s
=> CACHED [linux/arm/v7 2/5] RUN apk add --update nodejs npm curl       0.0s
=> [linux/amd64 3/5] COPY . /src                                        0.0s
=> [linux/arm/v7 3/5] COPY . /src                                       0.0s
=> [linux/arm64 3/5] COPY . /src                                        0.0s
<Snip>
=> => pushing layers                                                   31.5s
=> => pushing manifest for docker.io/nigelpoulton/ddd-book:web0.2@sha256:8fc61... 3.6s
=> [auth] nigelpoulton/ddd-book:pull,push token for registry-1.docker.io  0.0s
```

输出已被截断，但请注意两件重要的事情。Dockerfile 中的所有指令都会执行 3 次——针对 3 个目标平台各执行一次。最后 3 行展示了被推送到 Docker Hub 的镜像层。

图 8.10 展示了 Docker Hub 上的 3 个不同架构的镜像。

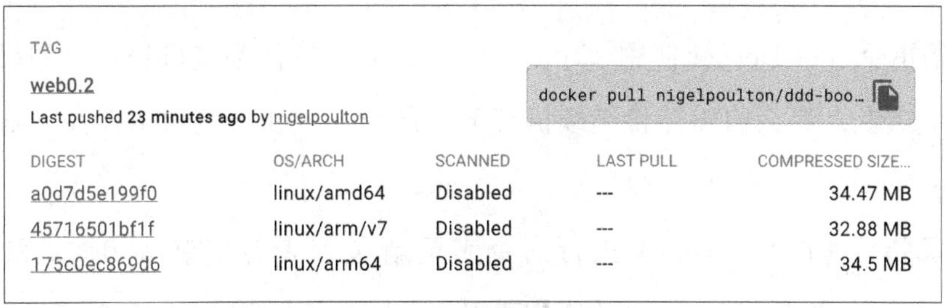

TAG				
web0.2			docker pull nigelpoulton/ddd-boo...	
Last pushed 23 minutes ago by nigelpoulton				
DIGEST	OS/ARCH	SCANNED	LAST PULL	COMPRESSED SIZE...
a0d7d5e199f0	linux/amd64	Disabled	---	34.47 MB
45716501bf1f	linux/arm/v7	Disabled	---	32.88 MB
175c0ec869d6	linux/arm64	Disabled	---	34.5 MB

图 8.10　多平台镜像

8.2.3　一些最佳实践

在本章结束之前，我们来列举一些最佳实践，不过本节并不打算做到面面俱到。

8.2.3.1　利用构建缓存

Docker 使用的构建器会利用缓存来加速构建过程。查看缓存效果的最佳方式是在一台干净的 Docker 主机上构建一个新镜像，然后立即重复相同的构建。第一次构建将拉取镜像并花费时间构建镜像层。第二次构建几乎瞬间完成。这是因为第一次构建的内容（如镜像层）被缓存了，且被后续的构建复用。

我们知道，`docker build` 命令会从顶部开始逐行遍历 Dockerfile。对于每条指令，Docker 会查看其缓存中是否已经有与该指令对应的镜像层。如果有，这就是一次缓存命中，它就会使用该层。如果没有，这就是一次缓存未命中，此时它会根据指令构建一个新层。获得缓存命中可以显著加快构建过程。

下面，我们来深入了解一下。

我们将使用下面的 Dockerfile 作为示例：

```
FROM alpine
RUN apk add --update nodejs nodejs-npm
COPY . /src
WORKDIR /src
RUN npm install
EXPOSE 8080
ENTRYPOINT ["node", "./app.js"]
```

第一条指令告诉 Docker 使用 `alpine:latest` 镜像作为基础镜像。如果该镜像已经存在于主机上，那么构建器将继续执行下一条指令。如果镜像不存在，则从 Docker Hub 拉取。

下一条指令（`RUN apk...`）执行命令来更新包列表并安装 `nodejs` 和 `nodejs-npm`。在执行指令之前，Docker 会检查构建缓存中是否存在使用相同基础镜像和相同指令构建的层。在该示例中，它正在寻找一个通过执行 `RUN apk add --update nodejs nodejs-npm` 指令直接在 `alpine:latest` 之上构建的层。

如果找到该镜像层，它就会链接到该层，并使用缓存继续构建。如果没有找到该层，则会使缓存失效并构建层。这种使缓存失效的操作意味着在剩余的构建过程中，缓存将不再有效。这意味着所有的后续 Dockerfile 指令都将完整执行，而不会尝试去引用构建缓存。

假设 Docker 已经有了一个适用于此指令的层，因此我们实现了缓存命中。假设该层的 ID 是 AAA。

下一条指令将一些代码复制到镜像中（COPY . / src）。前一指令产生了缓存命中，这意味着 Docker 可以继续查找是否有一个缓存的镜像层，该层基于 AAA 层并执行了 COPY . /src 命令。如果有，则链接到该层并继续执行下一条指令。如果没有，它将构建该层，并在接下来的构建过程中使缓存失效。

Docker 将继续执行 Dockerfile 中剩余的指令。

了解以下几点很重要。

首先，一旦任何指令导致缓存未命中（没有为该指令找到现有层），缓存就会失效，并且后续的整个构建过程将不再使用缓存。这对编写 Dockerfile 的方式有着重要影响。例如，你应该尽量将可能导致缓存失效的指令放在 Dockerfile 的末尾，这意味着直到构建的后期阶段才会出现缓存未命中——允许构建尽可能地从缓存中获益。

可以通过在 docker build 命令中传递 --no-cache 标志来强制构建过程忽略整个缓存。

还有一点也很重要，COPY 和 ADD 指令会检查复制到镜像中的内容自上次构建以来是否发生了变化。例如，有可能 Dockerfile 中的 COPY . /src 指令自上次构建以来可能没有变化，但是被复制到镜像中的目录的内容已经改变！

为了避免这种情况，Docker 会对复制的每个文件执行校验和。如果校验和不匹配，缓存将会失效，并会构建一个新的层。

8.2.3.2　压缩镜像

压缩镜像并不是一个真正的最佳实践，因为它有优点也有缺点。

总体来说，压缩镜像遵循正常的构建过程，但增加了一个额外步骤，即将所有内容压缩成一个单独的层。虽然它可以减少像的大小，但不允许与其他镜像共享任何层。

如果你想创建一个压缩镜像，只须在 docker build 命令中添加 --squash 标志。

图 8.11 展示了压缩镜像带来的一些低效问题。两个镜像完全相同，唯一的区别在于一个被压缩，而另一个没有。未压缩的镜像与主机上的其他镜像共享层（节省磁盘空

间），但压缩的镜像则不共享。在执行 docker push 命令时，压缩的镜像还需要将全部字节发送到 Docker Hub，而未压缩的镜像只需要发送独有的层。

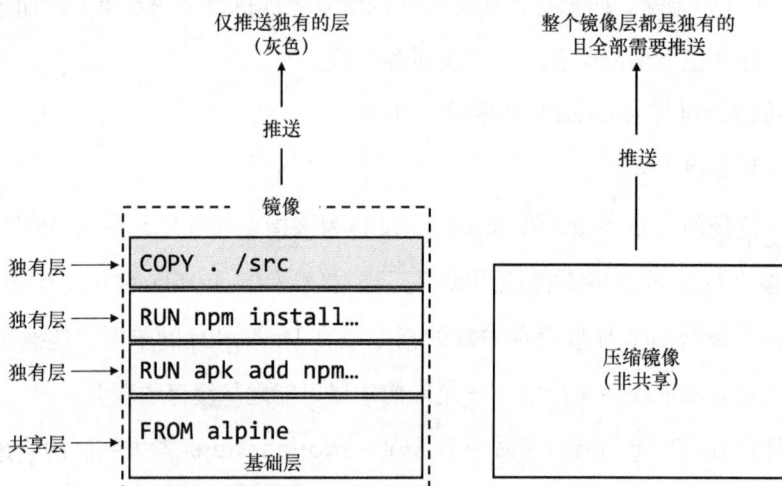

图 8.11　压缩镜像与非压缩镜像

8.2.3.3　使用 no-install-recommends

如果你正在构建 Linux 镜像并使用 apt 包管理器，那么应该在 apt-get install 命令中使用 no-install-recommend 标志。这能够确保 apt 只安装主要依赖（Depends 字段中的包），而非推荐或建议的包，这可以大大减少下载到镜像中的不必要的包的数量。

8.3　容器化应用——命令

• docker build 是读取 Dockerfile 并将应用容器化的命令。-t 标志用于标记镜像，-f 标志用于指定 Dockerfile 的名称和位置。使用 -f 选项，可以使用任意名称、任意位置的 Dockerfile。构建上下文是应用文件存放的位置，可以是本地 Docker 主机上的目录，也可以是远程 Git 仓库。

- Dockerfile FROM 指令指定了要构建的新镜像的基础镜像。它通常是 Dockerfile 中的第一条指令,最佳实践是在这一行使用官方仓库中的镜像。 FROM 还用于在多阶段构建中区分新的构建阶段。

- Dockerfile RUN 指令允许你在构建期间在镜像中运行命令。它通常用于更新包和安装依赖,每条 RUN 指令都会在整个镜像中添加一个新层。

- Dockerfile COPY 指令将文件作为一个新层添加到镜像中。通常使用它将应用代码复制到镜像中。

- Dockerfile EXPOSE 指令记录应用使用的网络端口。

- Dockerfile ENTRYPOINT 指令设置镜像作为容器启动时运行的默认应用。

- 其他一些 Dockerfile 指令包括 LABEL、ENV、ONBUILD、HEALTHCHECK、 CMD 等。

8.4　本章小结

本章介绍了如何容器化应用。

首先从远程 Git 仓库中拉取了一些应用代码,该仓库还包含了 Dockerfile,其中包含告诉 Docker 如何将应用构建为镜像的指令。我们学习了 Dockerfile 工作原理的基础知识,并使用它们来构建新镜像。

其次了解到多阶段构建是为生产环境构建更小、更安全的镜像的一种好方法。

最后还了解到 Dockerfile 是将应用文档化的一个有力工具。因此,它可以加快新开发人员的融入速度,并弥补开发人员和运维人员之间的差距。基于这一点,应该像对待代码一样对待 Dockerfile,并用源代码控制系统进行管理。

虽然引用的例子都是基于 Linux 的应用,但容器化 Windows 应用的过程是类似的:从应用代码开始,创建描述应用的 Dockerfile,使用 docker build 构建镜像。

第 9 章　Docker Compose 部署多容器应用

在本章中，我们将探讨如何使用 Docker Compose 部署多容器应用，我们通常简称它为 Compose。

按照惯例，我们将本章分为 3 部分：

- 简介
- 详解
- 命令

9.1　使用 Compose 部署应用——简介

现代云原生应用由多个小型服务组成，它们之间进行交互形成一个功能完整的应用，我们称这种模式为微服务（microservice）模式。

一个微服务应用可能包含以下 7 个独立的服务，它们协同工作形成一个功能完整的应用：

- Web 前端

- 订单服务

- 品类服务

- 后端数据存储

- 日志服务

- 身份认证服务

- 授权服务

部署和管理这么多小型微服务可能很困难，这就是 Compose 发挥作用的地方。

与使用脚本和冗长的 `docker` 命令将微服务组织在一起不同，Compose 允许在一个声明性配置文件中描述所有内容，可以使用这个文件来部署和管理微服务。

应用部署完成后，可以使用一组简单的命令管理它的整个生命周期，甚至可以在版本控制系统中存储和管理配置文件。

以上是基础内容。接下来，我们对其进行更深入的介绍。

9.2 使用 Compose 部署应用——详解

我们将详解部分的内容划分如下：

- Compose 背景

- 安装 Compose

- Compose 文件

- 使用 Compose 部署应用

- 使用 Compose 管理应用

9.2.1 Compose 背景

在 Docker 刚出现时，一家名为 Orchard 的公司开发了一款名为 Fig 的工具，该工具使得管理多容器应用变得非常容易。Fig 是一款位于 Docker 之上的 Python 工具，让你能够在单个 YAML 文件中定义整个多容器微服务应用，你甚至可以使用 Fig 的命令行工具 fig 来部署和管理应用的整个生命周期。

在底层，Fig 会读取 YAML 文件并调用相应的 Docker 命令来部署和管理应用。

实际上，Fig 的功能如此出色，以至于 Docker 公司收购了 Orchard，并将 Fig 重新命名为 Docker Compose。命令行工具从 fig 更名为 docker-compose，最近它被整合到 Docker CLI 中成为其子命令。现在，你可以在 CLI 上运行简单的 docker compose 命令。

另外，还存在一个 Compose 规范，它旨在为定义多容器微服务应用创建一个开放标准。这个规范由社区主导，且与 Docker 实现分开维护，这有助于维持更好的治理和更清晰的界限。然而，我们应该期待 Docker 在 Docker 引擎中实现完整的规范。

该规范本身是一份很好的学习细节的文档。

现在，是时候看看 Compose 的实际应用了。

9.2.2　安装 Compose

Compose 现在与 Docker 引擎一起提供，所以不再需要将其作为单独的程序进行安装。

使用下面的命令测试它是否正常工作。请确保使用 docker compose 命令，而不是 docker-compose。

```
$ docker compose version
Docker Compose version v2.17.3
```

9.2.3　Compose 文件

Compose 使用 YAML 文件来定义微服务应用。

Compose YAML 文件的默认名称是 compose.yaml。然而，它也接受 compose.yml 作为文件名，还可以使用 -f 标志来指定自定义文件名。

下面的示例展示了一个非常简单的 Compose 文件，它定义了一个具有两个微服务（web-fe 和 redis）的小型 Flask 应用。该应用是一个简单的 Web 服务器，它会统计某个网页的访问次数，并将值存储在 Redis 缓存中。我们将该应用称为 multi-container，并将其作为本章的示例应用。

该文件位于本书 GitHub 仓库的 multi-container 文件夹中。

```
services:
  web-fe:
    build: .
    command: python app.py
    ports:
      - target: 8080
        published: 5001
    networks:
      - counter-net
    volumes:
      - type: volume
        source: counter-vol
        target: /app
  redis:
    image: "redis:alpine"
    networks:
      counter-net:

networks:
  counter-net:

volumes:
  counter-vol:
```

在深入研究之前，我们先跳过该文件的基础知识。

首先要注意的是，该文件拥有 3 个顶层键：

- services

- networks

- volumes

除此之外，还存在其他顶层键，比如 secrets 和 configs，但我们不在这里讨论它们。

顶层的 services 键是我们定义应用微服务的地方。该例子中定义了两个：一个名

117

为 web-fe 的 Web 前端，以及一个名为 redis 的内存缓存。Compose 将把这些微服务部署到它们各自的容器中。

顶层的 networks 键告诉 Docker 创建新的网络。默认情况下，现代版本的 Compose 会创建跨多个主机的 overlay 网络。但是，你可以使用 driver 属性来指定不同的网络类型。

下面的 YAML 可以在你的 Compose 文件中使用，来创建一个名为 over-net 的新覆盖网络，它允许独立容器连接它（attachable）。

```
networks:
over-net:
driver: overlay
attachable: true
```

顶层的 volumes 键用于告诉 Docker 创建新卷。

我们的 Compose 文件

示例 Compose 文件定义了两个服务，一个名为 counter-net 的网络和一个名为 counter-vol 的卷。此处再次展示一下该文件：

```
services:
  web-fe:
    build: .
    command: python app.py
    ports:
      - target: 8080
        published: 5001
    networks:
      - counter-net
    volumes:
      - type: volume
        source: counter-vol
        target: /app
  redis:
    image: "redis:alpine"
    networks:
      counter-net:
networks:
```

```
    counter-net:
volumes:
    counter-vol:
```

大部分细节都位于 services 部分，因此让我们仔细分析一下它。

services 部分包含两个二级键：

- web-fe

- redis

以上两者每个都定义了一个微服务。重要的是要知道，Compose 会将每个键对应的微服务部署为一个容器，并将键的名称包含在容器名称中。在我们的例子中，我们定义了两个键：web-fe 和 redis。这意味着 Compose 将部署两个容器，一个容器的名称中会包含 web-fe，另一个将包含 redis。

在 web-fe 服务的定义中，我们向 Docker 发出了以下指令。

- build：．指定 Docker 基于当前目录（．）中的 Dockerfile 构建一个新镜像，该镜像将在后面的步骤中用于为该服务创建容器。

- command：python app.py 命令指定 Docker 在该服务的每个容器中运行一个名为 app.py 的 Python 应用。其中，app.py 文件必须存在于镜像中，且镜像中必须安装了 Python。Dockerfile 会处理这两个需求。

- ports：指定 Docker 将容器（target）内的 8080 端口映射到主机（published）上的 5001 端口。这意味着到达 Docker 主机 5001 端口的流量将被定向到容器的 8080 端口。另外，容器中的应用会监听 8080 端口。

- networks：告诉 Docker 将服务的容器连接到哪个网络。该网络应该已经存在或定义在顶层键 networks 中。如果它是一个覆盖网络，那么需要有 attachable 标志，以便独立容器可以连接到它（Compose 部署独立容器而不是 Docker 服务）。

- volumes：指定 Docker 将 counter-vol 卷（source:）挂载到容器内的 /app(target:)。counter-vol 卷应该是已经存在的，或在文件的顶层键 volumes 中定义。

总之，Compose 将指导 Docker 为 web-fe 微服务部署一个独立的容器。该容器将基于 Dockerfile 构建的镜像，其中 Dockerfile 与 Compose 文件位于相同目录。基于该镜像启动的容器会运行 app.py 作为其主应用。另外，它将连接到 counter-net 网络，将 5001 端口暴露给主机，并挂载一个卷到 /app。

> **注意**
>
> 实际上本例并不需要在 Compose 文件中添加 command: python app.py 选项，因为它已经在 Dockerfile 中定义了。我们在此处展示是为了让你知道它是如何工作的。也可以使用 Compose 来覆盖 Dockerfile 中设置的指令。

redis 服务的定义更简单：

- image: redis:alpine 告诉 Docker 基于 redis:alpine 镜像启动一个名为 redis 的独立容器，其中的镜像将从 Docker Hub 拉取。
- networks：redis 容器也会连接到 counter-net 网络。

由于两个服务都将部署到同一个网络 counter-net 上，因此它们将能够通过名称相互解析。这一点很重要，因为应用被配置为通过名称连接到 Redis 服务。

既然了解了 Compose 文件的工作原理，那么接下来让我们来部署它吧！

9.2.4 使用 Compose 部署应用

在本节中，我们将部署前一节 Compose 文件中定义的应用。为此，你需要本书 GitHub 仓库的一份本地副本，并运行 multi-container 文件夹中的所有命令。

如果还没有做，请先将 Git 仓库克隆到本地。为此，你需要首先安装 Git。

```
$ git clone https://github.com/nigelpoulton/ddd-book.git

Cloning into 'ddd-book'...
remote: Enumerating objects: 67, done.
remote: Counting objects: 100% (67/67), done.
remote: Compressing objects: 100% (47/47), done.
remote: Total 67 (delta 17), reused 63 (delta 16), pack-reused 0
Receiving objects: 100% (67/67), 173.61 KiB | 1.83 MiB/s, done.
Resolving deltas: 100% (17/17), done.
```

克隆仓库将会创建一个名为 ddd-book 的新目录，其中包含本书中使用的所有文件。

切换到目录 ddd-book/multi-container，并将其作为本章剩余部分的构建上下文。Compose 也将使用该目录名称（multi-container）作为项目名称。稍后我们将看到这一点，Compose 会在所有资源名称前加上 multi-container_。

```
$ cd ddd-book/multi-container/
$ ls -l
total 20
-rw-rw-r-- 1 ubuntu ubuntu  288 May 21 15:53 Dockerfile
-rw-rw-r-- 1 ubuntu ubuntu  332 May 21 15:53 README.md
drwxrwxr-x 4 ubuntu ubuntu 4096 May 21 15:53 app
-rw-rw-r-- 1 ubuntu ubuntu  355 May 21 15:53 compose.yaml
-rw-rw-r-- 1 ubuntu ubuntu   18 May 21 15:53 requirements.txt
```

下面，我们快速描述每个文件的内容：

- compose.yaml 是 Docker Compose 文件，它描述了应用以及 Compose 构建和部署它的方式；
- app 是一个包含应用代码和视图的文件夹；
- Dockerfile 描述了为 web-fe 服务构建镜像的方式；
- requirements.txt 列出了应用的依赖。

请根据需要自行查看每个文件的内容。

然而，app/app.py 文件是应用的核心，而 compose.yaml 是将所有微服务组织在一起的关键。

接下来，我们使用 Compose 来启动应用，为此必须运行刚刚从 GitHub 克隆的仓库

中 `multi-container` 目录下的所有命令。

```
$ docker compose up &

[+] Running 7/7
 - redis 6 layers [|||||||] 0B/0B Pulled            5.2s
   - 08409d417260 Already exists                    0.0s
   - 35afda5186ef Pull complete                     0.5s
   - ebab1fe9c8cc Pull complete                     1.5s
   - e438114652e6 Pull complete                     3.1s
   - 80fd0bfc19ad Pull complete                     3.1s
   - ca04d454c47d Pull complete                     1.1s
   [+] Building 10.3s (9/9) FINISHED
   <Snip>
   [+] Running 4/4
 - Network multi-container_counter-net Created      0.1s
 - Volume "multi-container_counter-vol" Created     0.0s
 - Container multi-container-redis-1 Started        0.6s
 - Container multi-container-web-fe-1 Started       0.5s
```

应用启动需要几秒，且输出内容可能很详细。当部署完成后，还必须按回车键。

关于启动过程会在稍后介绍，我们首先讨论下 `docker compose` 命令。

`docker compose up` 是启动 Compose 应用的最常见方式。它会构建或拉取所有需要的镜像，创建所有需要的网络和卷，并启动所有需要的容器。

上述命令中，我们并没有指定 Compose 文件的名称或位置，这是因为该文件被命名为 `compose.yaml` 且位于本地目录中。但是，如果它具有不同的名称或位置，那么就需要使用 `-f` 标志。下面的示例将从一个名为 `prod-equus-bass.yml` 的 Compose 文件中部署应用。

```
$ docker compose -f prod-equus-bass.yml up &
```

通常你会使用 `--detach` 标志让应用在后台运行，如下所示。但是，我们将它在前台启动，并使用 & 返回终端窗口。这会强制 Compose 将所有消息输出到终端窗口，我们稍后会使用到这些消息。

既然应用已经构建并运行，那么我们就可以使用常规的 `docker` 命令来查看 Compose

创建的镜像、容器、网络和卷。请记住，Compose 实际上是使用常规的 Docker 结构在后台进行构建和操作的。

```
$ docker images
REPOSITORY                TAG       IMAGE ID       CREATED        SIZE
multi-container-web-fe    latest    ade6252c30cc   7 minutes ago  76.3MB
redis                     alpine    b64252cb5430   9 days ago     30.7MB
```

multi-container-web-fe:latest 镜像由 compose.yaml 文件中的 build:. 指令创建，这条指令会使 Docker 使用相同目录下的 Dockerfile 构建一个新镜像，后者包含 web-fe 微服务，并基于 python:alpine 镜像构建。查看 Dockerfile 内容以了解更多信息：

```
FROM python:alpine                        << Base image
COPY . /app                               << Copy app into image
WORKDIR /app                              << Set working directory
RUN pip install -r requirements.txt       << Install requirements
ENTRYPOINT ["python", "app.py"]           << Set the default app
```

我在每行的末尾添加了注释来帮助理解。

请注意 Compose 是如何将新构建的镜像命名为项目名称（multi-container）和 Compose 文件中指定的资源名称（web-fe）的组合的。其中，项目名称是 Compose 文件所处的目录名称，Compose 创建的所有资源都遵循这个命名约定。

redis:alpine 镜像是通过 Compose 文件中的 .Services.redis 部分的 image: "redis:alpine" 指令从 Docker Hub 拉取得到的。

下面的容器列表展示了两个正在运行的容器。它们遵循相同的命名约定，每个容器都有一个表示实例编号的数字后缀，这是因为 Compose 允许扩缩容。

```
$ docker ps
ID    COMMAND              STATUS      PORTS                   NAMES
61..  "python app/app.py"  Up 5 mins   0.0.0.0:5001->8080/tcp.. multi-container-web-fe-1
80..  "docker-entrypoint.." Up 5 mins  6379/tcp                multi-container-redis-1
```

multi-container-web-fe-1 容器运行应用的 Web 前端，即运行 app.py 代码，并映射到 Docker 主机上所有接口的 5001 端口。我们将在稍后的步骤中连接到这个端口。

下面的网络和卷列表显示了 `multi-container_counter-net` 网络和 `multi-container_counter-vol` 卷。

```
$ docker network ls
NETWORK ID      NAME                              DRIVER    SCOPE
46100cae7441    multi-container_counter-net bridge     local
<Snip>

$ docker volume ls
DRIVER        VOLUME NAME
local         multi-container_counter-vol
<Snip>
```

成功部署应用后，你可以将 Web 浏览器指向 Docker 主机上的 5001 端口，并查看应用的运行效果，如图 9.1 所示。

图 9.1　应用运行效果

图 9.1 显示，我连接到一个 Docker 主机，其 IP 地址为 `192.168.64.28`，端口为 `5001`。如果你使用的是 Docker Desktop 或其他本地环境，那么可以在 `localhost:5001` 上进行连接。

单击浏览器的刷新按钮会导致网页上的计数器数据增加。通过查看应用（`app/app.py`）可以了解计数器数据是如何存储在后端 Redis 中的。

当在前台启动应用时，可以看到每次刷新时终端窗口中都记录了 `HTTP 200` 的响应码。这些响应码表示请求成功，每次加载 Web 页面时都会看到对应记录。

```
multi-container-web-fe-1 | 192.168.64.1 - - [21/May/2023 15:38:40] "GET / HTTP/1.1" 200 -
multi-container-web-fe-1 | 192.168.64.1 - - [21/May/2023 15:38:41] "GET / HTTP/1.1" 200 -
```

恭喜！你已经成功地使用 Docker Compose 部署了一个多容器应用！

9.2.5　使用 Compose 管理应用

在本节中，你将学习如何停止、重启、删除以及获取 Compose 应用的状态，还将看到如何使用卷来实现应用的更新。

由于应用已经启动，我们看下如何关闭它。要做到这一点，请将子命令 up 替换为 down。

```
$ docker compose down
[+] Running 3/3
 - Container multi-container-web-fe-1     Removed     0.3s
 - Container multi-container-redis-1      Removed     0.2s
 - Network multi-container_counter-net    Removed     0.3
```

当应用在前台启动后，我们将在终端看到详细的输出信息。这可以让你很好地了解其执行过程，我建议你分析一下这些输出信息。不过，我们不会在本书中详细讨论它，因为不同版本的 Compose 输出可能有所不同。

从输出中可以清楚地看到，两个容器（微服务）和网络已经被删除。

然而，默认情况下不会删除卷。这是因为卷通常用于长期存储数据，它们的生命周期与应用的生命周期完全解耦。运行 docker volume ls 将证明该卷仍然存在于系统中。如果你曾向它写入数据，那么这些数据仍然会存在。在 docker compose down 命令中添加 --volumes 标志将删除所有关联的卷。

任何在 docker-compose up 操作中构建或拉取的镜像也会保留在系统中，这意味着后续的应用部署速度将会更快。在 docker compose down 命令中添加 --rmi all 标志将删除启动应用时构建或拉取的所有镜像。

接下来，我们看看其他几个 docker compose 子命令。使用以下命令再次启动应用，但这次是在后台启动。

```
$ docker compose up --detach
<Snip>
```

这次启动要快很多——因为 counter-vol 卷已经存在，并且所有镜像都已经存在于 Docker 主机上。

使用 docker compose ps 命令查看应用的当前状态。

```
$ docker compose ps
NAME                         COMMAND                SERVICE   STATUS      PORTS
multi-container-redis-1      "docker-entrypoint.."  redis     Up 28 sec   6379/tcp
multi-container-web-fe-1     "python app/app.py"    web-fe    Up 28 sec   0.0.0.0:5001->8080
```

可以看到两个容器的名称、它们运行的命令、当前状态以及正在监听的网络端口。

使用 docker compose top 列出运行在每个服务（容器）内部的进程。

```
$ docker compose top
multi-container-redis-1
UID   PID     PPID    ... CMD
lxd   22312   22292   redis-server *:6379


multi-container-web-fe-1
UID    PID     PPID    ...  CMD
root   22346   22326   0    python app/app.py python app.py
root   22415   22346   0    /usr/local/bin/python app/app.py python app.py
```

返回的 PID 编号是在 Docker 主机中（而非容器内部）看到的 PID 编号。

使用 docker compose stop 命令停止应用，而不删除其资源。然后，使用 docker compose ps 查看应用的状态。

```
$ docker compose stop
[+] Running 2/2
 - Container multi-container-redis-1 Stopped          0.4s
 - Container multi-container-web-fe-1 Stopped         0.5

$ docker compose ps
NAME    COMMAND    SERVICE    STATUS    PORTS
```

旧版本的 Compose 会列出处于停止状态的容器。请验证两个 Compose 微服务的容器仍然存在于系统上并处于停止状态。

```
$ docker ps -a
CONTAINER ID   COMMAND               STATUS           NAMES
f1442d484ccd   "python app/app.py"   Exited (0)...    multi-container-web-fe-1
541efbd7185d   "docker-entrypoint"   Exited (0)...    multi-container-redis-1
```

可以使用 docker compose rm 删除已停止的 Compose 应用，这将删除容器和网络，但不会删除卷和镜像，也不会删除项目构建上下文目录中的应用源代码（app.py、Dockerfile、requirements.txt 和 compose.yaml）。

对于处于停止状态的应用，可以使用 docker compose restart 命令重启它。

```
$ docker compose restart
[+] Running 2/2
 - Container multi-container-redis-1 Started    0.4s
 - Container multi-container-web-fe-1 Started   0.5s
```

验证应用是否重新启动。

```
$ docker compose ls
NAME              STATUS      CONFIG FILES
multi-container   running(2)  /home/ubuntu/ddd-book/multi-container/compose.yaml
```

运行以下命令可以通过单条命令停止和删除应用，它还将删除用于启动应用的任何卷和镜像。

```
$ docker-compose down --volumes --rmi all
Stopping multi-container-web-fe-1 ... done
Stopping multi-container-redis-1 ... done
Removing multi-container-web-fe-1 ... done
Removing multi-container-redis-1 ... done
Removing network multi-container_counter-net
Removing volume multi-container_counter-vol
Removing image multi-container_web-fe
Removing image redis:alpine
```

使用卷插入数据

让我们最后一次部署这个应用，并进一步了解卷的工作原理。

```
$ docker compose up --detach
<Snip>
```

如果查看 Compose 文件，你就会看到它定义了一个名为 counter-vol 的卷，并将其挂载到了 web-fe 容器的 /app 目录。

```
volumes:
  counter-vol:
services:
  web-fe:
    volumes:
      - type: volume
        source: counter-vol
        target: /app
```

当首次部署应用时，Compose 会检查是否已经存在名为 counter-vol 的卷。如果不存在，那么 Compose 会创建它。可以使用 docker volume ls 命令查看它，并使用 docker volume inspect multi-container_counter-vol 获取更多详细信息。

```
$ docker volume ls
RIVER       VOLUME NAME
local       multi-container_counter-vol

$ docker volume inspect multi-container_counter-vol
[
    {
        "CreatedAt": "2023-05-21T19:49:25+01:00",
        "Driver": "local",
        "Labels": {
            "com.docker.compose.project": "multi-container",
            "com.docker.compose.version": "2.17.3",
            "com.docker.compose.volume": "counter-vol"
        },
        "Mountpoint": "/var/lib/docker/volumes/multi-container_counter-vol/_data",
        "Name": "multi-container_counter-vol",
        "Options": null,
        "Scope": "local"
    }
]
```

还有一点需要注意，Compose 在部署服务之前会先创建网络和卷。这很合理，因为网络和卷是供服务（容器）使用的底层基础设施对象。

如果再次查看 web-fe 服务的定义，就会看到它正在将 counter-app 卷挂载到容

器的 /app 目录。还可以从 Dockerfile 中看到 /app 是安装和执行应用的位置，这意味着
应用代码是运行在 Docker 卷中的，如图 9.2 所示。

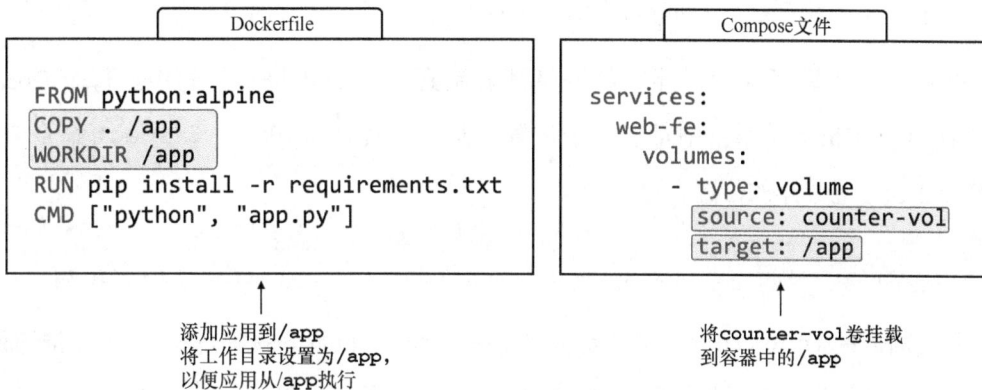

```
┌──────────────┐                          ┌──────────────┐
│  Dockerfile  │                          │  Compose文件  │
└──────────────┘                          └──────────────┘
FROM python:alpine                        services:
COPY . /app                                 web-fe:
WORKDIR /app                                  volumes:
RUN pip install -r requirements.txt            - type: volume
CMD ["python", "app.py"]                          source: counter-vol
                                                  target: /app

        ▲                                              ▲
添加应用到/app                              将counter-vol卷挂载
将工作目录设置为/app，                       到容器中的/app
以便应用从/app执行
```

图9.2　卷和挂载

这意味着我们可以从容器外部对卷中的文件进行更改，且这些更改会立即反映在应
用中。接下来，我们看一下它的工作原理。

接下来的步骤将引导你完成以下过程。

- 更新项目构建上下文中的 app/templates/index.html 的内容
- 将更新后的 index.html 复制到容器的卷中（在 Docker 主机的文件系统中）
- 刷新网页并查看更新效果

注意

　　如果在 Mac 或 Windows 上使用 Docker Desktop，这将不起作用。因为
在这些平台上，Docker Desktop 将 Docker 运行在一个轻量级的虚拟机内部，
所有的卷都存在于该虚拟机内。

使用你喜欢的文本编辑器编辑 index.html，确保在 multi-container 目录中
运行该命令。

```
$ vim app/templates/index.html
```

将第 16 行的文本更改为以下内容，并保存更改。

```
<h2>Sunderland til I die</h2>
```

既然已经更新了应用，那么需要将其复制到 Docker 主机上的卷中。每个 Docker 卷在 Docker 主机文件系统中都有一个位置。使用下面的 docker inspect 命令查找 Docker 主机上卷暴露的位置。

```
$ docker inspect multi-container_counter-vol | grep Mount
"Mountpoint": "/var/lib/docker/volumes/multi-container_counter-vol/_data",
```

将更新后的 index.html 文件复制到前一命令返回目录下的适当子目录中（请记住，这在 Docker Desktop 下不起作用）。这样之后，更新后的文件就会出现在容器中。

你可能需要在命令前加上 sudo，并应该在一行中运行它，而非用 \ 将它分成多行。本书中将其分成多行仅仅是为了避免换行。

```
$ cp ./counter-app/app.py \
  var/lib/docker/volumes/multi-container_counter-vol/_data/app/templates/index.html
```

此时，更新后的应用文件就已经处于容器中了。接着，连接到应用以查看更改，你可以通过将 Web 浏览器指向 Docker 主机的 IP 地址（端口 5001）来实现这一点。

图 9.3 展示了更新后的运行效果。

图 9.3　更新后的运行效果

在生产环境中，不会像这样进行更新操作，此处仅用来演示卷的工作原理。

恭喜！你已经使用 Docker Compose 部署和管理了一个多容器微服务应用。

在回顾所学的命令之前，重要的是要理解这仅是一个非常简单的例子。Docker Compose 能够部署和管理远比这更复杂的应用。

9.3　使用 Compose 部署应用——命令

- docker compose up 是用于部署 Compose 应用的命令。它会创建应用所需的所有镜像、容器、网络和卷。它期望 Compose 文件名为 compose.yaml，但你可以使用 -f 标志指定自定义文件名。通常会使用 --detach 标志在后台启动应用。

- docker compose stop 将停止 Compose 应用中的所有容器，而不会从系统中删除。另外，可以使用 docker compose restart 轻松重启它们。

- docker compose rm 将删除已停止的 Compose 应用。它将删除容器和网络，但默认情况下不会删除卷和镜像。

- docker compose restart 将重启一个使用 docker compose stop 停止的 Compose 应用。如果在应用停止期间对其做了更改，那么这些更改将不会出现在重启的应用中，你需要重新部署应用才能使更改生效。

- docker compose ps 列举 Compose 应用中的每个容器。它会显示容器的当前状态、每个容器中运行的命令和网络端口。

- docker compose down 将停止并删除正在运行的 Compose 应用。它会删除容器和网络，但不会删除卷和镜像。

9.4　本章小结

在本章中，我们学习了如何使用 Docker Compose 部署和管理多容器应用。

Compose 现在是 Docker 引擎的一个集成部分，并拥有自己的 `docker` 子命令。它允许你在声明性配置文件中定义多容器应用，并使用单条命令部署它们。

Compose 文件可以是 YAML 或 JSON，它定义了应用所需的所有容器、网络、卷和密钥。然后，将文件提供给 `docker compose` 命令行，Compose 将使用 Docker 来部署它。

一旦部署了 Compose 应用，就可以使用多个 `docker compose` 子命令来管理它的整个生命周期。

我们还了解了卷如何为应用的其余部分提供独立的生命周期，以及如何使用它们将更改直接注入到正在运行的容器。

Docker Compose 在开发人员中很受欢迎，Compose 文件是应用文档的绝佳来源——它包含了组成应用的所有服务、使用的镜像、暴露的端口、使用的网络和卷等。因此，它有助于弥补开发人员和运维人员之间的鸿沟。你也应该像对待代码一样对待 Compose 文件，将它们存储在源代码控制仓库中。

第 **10** 章 Docker Swarm

既然已经知道如何安装 Docker、拉取镜像以及使用容器，接下来需要的是一种方法来大规模地进行这些操作。这就是 Docker Swarm 发挥作用的地方。

按照惯例，本章分为 3 部分：

- 简介
- 详解
- 命令

10.1 Docker Swarm——简介

Docker Swarm 包含两方面：

1. 企业级的 Docker 安全集群

2. 微服务应用编排器

在集群方面，Swarm 将一个或多个 Docker 节点组合在一起，让你能够将它们作为一个集群进行管理。Swarm 默认内置有加密的分布式集群存储、加密网络、双向 TLS、安全集群接入令牌，以及一套简化数字证书管理的 PKI（Public Key Infrastructure）。你甚至可以不中断地添加或删除节点，这非常方便。

在编排方面，Swarm 允许你轻松地部署和管理复杂的微服务应用。你可以在声明式文件中定义应用，并使用原生 Docker 命令将它们部署到 swarm 中。你甚至可以执行滚动更新、回滚和扩缩容操作，所有这些都只需要一些简单的命令。

Docker Swarm 类似于 Kubernetes——它们都负责容器化应用的编排。Kubernetes 拥有更强大的动力、更活跃的社区和生态系统。然而，Swarm 更易于使用，是许多中小型企业和应用部署的热门选择。学习 Swarm 是学习 Kubernetes 的一个重要台阶。

10.2 Docker Swarm——详解

本章的详解部分从以下几个方面展开：

- Swarm 入门
- 搭建安全 Swarm 集群
- 部署 Swarm 服务
- 故障排查
- 备份和恢复 Swarm

10.2.1 Swarm 入门

在集群方面，swarm 由一个或多个 Docker 节点组成。这些节点可以是物理服务器、虚拟机、树莓派或云实例。唯一的要求是它们都安装了 Docker，并且能够通过可靠的网络进行通信。

> **术语** 🖊
>
> 　　当指代 Docker Swarm 时，我们使用大写"S"开头的 Swarm。当指代一个节点集群时，我们使用小写"s"开头的 swarm。

　　节点被配置为管理节点或工作节点。管理节点负责管理控制平面，意味着处理集群状态和向工作节点分派任务等事务。而工作节点则从管理节点接受任务并执行任务。

　　swarm 的配置和状态存储在一个分布式数据库中，数据库在所有管理节点间进行复制。数据保存在于内存中，且始终保持最新状态。然而，最好的一点是它不需要任何配置，因为它作为 swarm 的一部分进行安装，并且可以自我管理。

　　TLS 与 swarm 的集成非常紧密，以至于没有它就无法创建 swarm。在当今这个注重安全的环境里，这种特性值得称赞。Swarm 使用 TLS 来加密通信、认证节点和授权角色，自动密钥轮换也是锦上添花的功能。最棒的部分是，这一切运行得如此顺畅，以至于你甚至感觉不到它的存在。

　　在编排方面，swarm 中的调度基本单元是服务（service）。这是一种高级构造，它为容器包装了一些高级特性，这些特性包括扩缩容、滚动更新和简单的回滚。可以将服务视为增强型容器。

　　swarm 的宏观视图如图 10.1 所示。

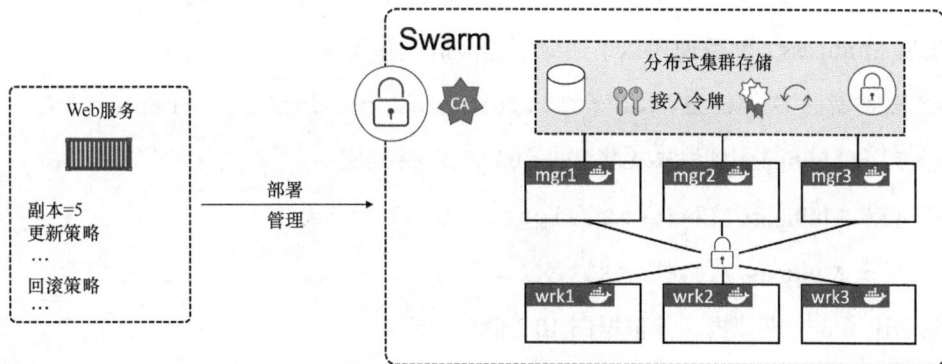

图 10.1　swarm 宏观视图

以上内容已经足够入门。接下来，让我们通过一些示例动手实践吧。

10.2.2　搭建安全 swarm 集群

在本节中，我们将搭建一个包含 3 个管理节点和 3 个工作节点的安全 swarm 集群，如图 10.2 所示。

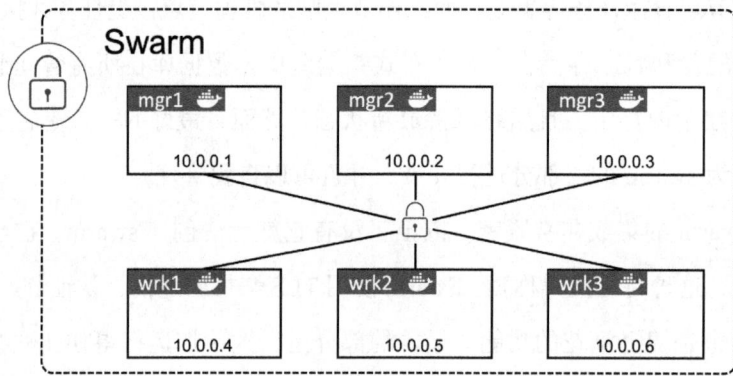

图 10.2　swarm 集群架构

10.2.2.1　前置要求

如果你打算跟着操作，建议你使用 Multipass 在笔记本计算机或本地机器上创建多个 Docker 虚拟机。Multipass 免费且易于使用，并且创建的所有虚拟机之间都能够相互通信。只需安装 Multipass，然后使用以下命令创建虚拟机并登录：

- 创建新的 Docker 虚拟机：`multipass launch docker --name <名称>`
- 列出 Multipass 虚拟机及其 IP：`multipass ls`
- 登录 Multipass 虚拟机：`multipass shell <名称>`
- 退出 Multipass 虚拟机：`exit`

我创建了 6 个虚拟机，并根据图 10.2 命名它们。

如果你无法使用 Multipass，我建议在 Play with Docker 上创建多个节点。它可以免费使用，且可以获得一个 4 小时的实验平台。

任何 Docker 环境应该都能够正常工作。唯一的要求是每个节点都安装了 Docker，并且可以通过可靠的网络进行通信。如果配置了名称解析功能也将有所获益，因为它可以更容易地识别命令输出中的节点，并有助于故障排查。

如果你打算使用 Docker Desktop 跟随操作，那么请注意它只支持单个 Docker 节点。这样在此处没什么问题，但对于后续的一些例子来说可能不是最佳选择。

如果你觉得遇到了网络问题，请确保以下端口在所有 swarm 节点之间都是开放的：

- `2377/tcp`：用于客户端到 swarm 的安全通信
- `7946/tcp` 和 `7946/udp`：用于控制平面的 gossip 协议
- `4789/udp`：用于基于 VXLAN 的覆盖网络

10.2.2.2　初始化新的 swarm

搭建 swarm 的过程称为初始化 swarm，其流程是这样的：初始化第一个管理节点→接入其他管理节点→接入工作节点→完成。

未接入 swarm 的 Docker 节点称为处于单引擎模式（single-engine mode）。一旦被添加到 swarm 中，它们就会自动切换到 swarm 模式。

在单引擎模式的 Docker 主机上运行 `docker swarm init` 将切换该节点为 swarm 模式，自动创建一个新的 swarm，并使该节点成为 swarm 的第一个管理节点。

然后，其他节点可以作为工作节点或管理节点接入，接入过程会自动将它们切换到 swarm 模式。

以下步骤将从 mgr1 初始化一个新的 swarm。然后，它将接入 wrk1、wrk2 和 wrk3 作为工作节点——此过程中自动将它们设置为 swarm 模式。最后，它将添加 mgr2 和 mgr3 作为额外的管理节点，并将它们切换到 swarm 模式。操作完成后，所有 6 个节点都将处于 swarm 模式，并运行于同一个 swarm 中。

本示例将使用图 10.2 中所示的节点名称和 IP 地址，你的可能会有所不同。

1. 登录 mgr1 并初始化一个新的 swarm。该命令使用图 10.2 中的 IP 地址，不过你应该在 Docker 主机上使用适当的私有 IP。如果你使用的是 Multipass，这通常是虚拟机的 192 地址。

```
$ docker swarm init \
  --advertise-addr 10.0.0.1:2377 \
  --listen-addr 10.0.0.1:2377

Swarm initialized: current node (d21lyz...c79qzkx) is now a manager.
<Snip>
```

该命令可以分解如下。

- `docker swarm init`：该命令告诉 Docker 初始化一个新的 swarm，并将此节点设置为第一个管理节点，它还会将节点设置为 swarm 模式。

- `--advertise-addr`：这是将向其他管理节点和工作节点公布的 swarm API 端点。它通常是节点的 IP 地址之一，但也可以是外部负载均衡器的地址。这是一个可选标志，除非你需要在具有多个 IP 的节点上指定负载均衡器或特定 IP。

- `--listen-addr`：这是节点将接受 swarm 流量的 IP 地址。如果不设置，那么它的默认值与 `--advertise-addr` 相同。如果 `--advertise-addr` 是负载均衡器，则必须使用 `--listen-addr` 为 swarm 流量指定本地 IP 或接口。

对于生产环境，建议你明确并始终使用这两个标志。对于我们的实验环境来说，并不那么重要。

swarm 模式默认的操作端口是 2377。该端口可以自定义，但使用 `2377/tcp` 进行安全的（HTTPS）客户端到 swarm 的连接是一种惯例。

2. 列出 swarm 中的节点。

```
$ docker node ls
ID               HOSTNAME  STATUS   AVAILABILITY  MANAGER STATUS
d21...qzkx *  mgr1      Ready    Active        Leader
```

mgr1 是目前 swarm 中唯一的节点，并显示为 Leader。我们稍后再探讨这个问题。

3. 从 mgr1 运行 docker swarm join-token 命令，提取将新的工作节点和管理节点添加到 swarm 所需的命令和令牌。

```
$ docker swarm join-token worker
To add a manager to this swarm, run the following command:
   docker swarm join \
   --token SWMTKN-1-0uahebax...c87tu8dx2c \
   10.0.0.1:2377


$ docker swarm join-token manager
To add a manager to this swarm, run the following command:
   docker swarm join \
   --token SWMTKN-1-0uahebax...ue4hv6ps3p \
   10.0.0.1:2377
```

注意，除了接入令牌（SWMTKN...）之外，接入工作节点和管理节点的命令是相同的。这意味着一个节点是作为工作节点接入还是作为管理节点接入完全取决于接入时使用的是哪个令牌。你应该将接入令牌保存在安全的地方，因为它们是将节点接入 swarm 所需的唯一信息！

4. 登录 wrk1 并使用 docker swarm join 命令和工作节点接入令牌将其接入 swarm 集群。

```
$ docker swarm join \
   --token SWMTKN-1-0uahebax...c87tu8dx2c \
   10.0.0.1:2377 \
   --advertise-addr 10.0.0.4:2377 \
   --listen-addr 10.0.0.4:2377

This node joined a swarm as a worker.
```

--advertise-addr 和 --listen-addr 标志是可选的。之所以添加它们，是因为在生产环境中进行网络配置时，尽可能明确相关参数是一种最佳实践。对于实验环境，你可能不需要它们。

5. 在 wrk2 和 wrk3 上重复前面的步骤，使它们作为工作节点接入 swarm。如果指

定了 `--advertise-addr` 和 `--listen-addr` 标志，请确保使用 wrk2 和 wrk3 对应的 IP 地址。

6. 登录 mgr2 并使用 `docker swarm join` 命令和管理节点接入令牌将其作为管理节点接入到 swarm 中。

```
$ docker swarm join \
  --token SWMTKN-1-0uahebax...ue4hv6ps3p \
  10.0.0.1:2377 \
  --advertise-addr 10.0.0.2:2377 \
  --listen-addr 10.0.0.2:2377

This node joined a swarm as a manager.
```

7. 在 mgr3 上重复上述步骤，记住使用 mgr3 的 IP 地址来设置 `--advertising-addr` 和 `--listen-addr` 标志。

8. 通过在任意管理节点上运行 `docker node ls` 来列举 swarm 中的节点。

```
$ docker node ls
ID              HOSTNAME   STATUS   AVAILABILITY   MANAGER STATUS
0g4rl...bab18 * mgr2       Ready    Active         Reachable
2xlti...l0nyp   mgr3       Ready    Active         Reachable
8yv0b...wmr67   wrk1       Ready    Active
9mzwf...e4m4n   wrk3       Ready    Active
d2lly...9qzkx   mgr1       Ready    Active         Leader
e62gf...15wt6   wrk2       Ready    Active
```

恭喜！你已经创建了一个具有 6 个节点的 swarm，其中包含 3 个管理节点和 3 个工作节点。在这个过程中，每个节点上的 Docker 引擎自动切换到了 swarm 模式，且集群自动使用 TLS 进行安全防护。

如果查看 MANAGER STATUS 列，你就会看到 3 个管理节点要么显示为 "Reachable"，要么显示为 "Leader"。稍后我们将学习更多关于 "Leader" 的内容。MANAGER STATUS 列中没有任何内容的节点是工作节点。还要注意显示 mgr2 的一行中的 ID 后面的星号（*），这表示你正在从哪个节点执行命令。上一条命令是从 mgr2 发出的。

注意

　　在每次将节点接入 swarm 时，指定 --advertise-addr 和 --listen-addr 标志是很痛苦的。然而，如果错误地配置了 swarm 的网络，那将带来更大的痛苦。此外，手动向 swarm 中添加节点并不是日常任务，因此在执行该命令时额外指定这两个属性是值得的。不过，选择权在你。在实验环境或只有一个 IP 的节点上，你可能不需要使用它们。

　　现在你已经启动并运行了一个 swarm 集群，下面来学习一下如何进行高可用性（high availability，HA）管理。

10.2.2.3　swarm 管理节点高可用性（HA）

　　到目前为止，我们已经向 swarm 添加了 3 个管理节点。为什么是 3 个呢？它们是如何协同工作的？

　　swarm 管理节点原生支持高可用性。这意味着，即使一个或多个节点发生故障，剩余节点仍然可以保持 swarm 的正常运行。

　　从技术上讲，swarm 实现了主从式的多管理节点高可用性，这意味着在任何给定时刻只有一个管理节点处于活动状态，而这个处于活动状态的管理节点称为"主节点"（leader），而主节点是唯一向 swarm 发布更新的节点。因此，只有主节点才会改变配置，或将任务分发给工作节点。如果一个从管理节点（passive）接收到 swarm 的命令，那么它会将这些命令代理转发给主节点。

　　该过程如图 10.3 所示。其中，步骤①是从远程 Docker 客户端发送给管理节点的命令，步骤②是非主管理节点接收命令并将其代理转发给主节点，步骤③是主节点在 swarm 上执行命令。

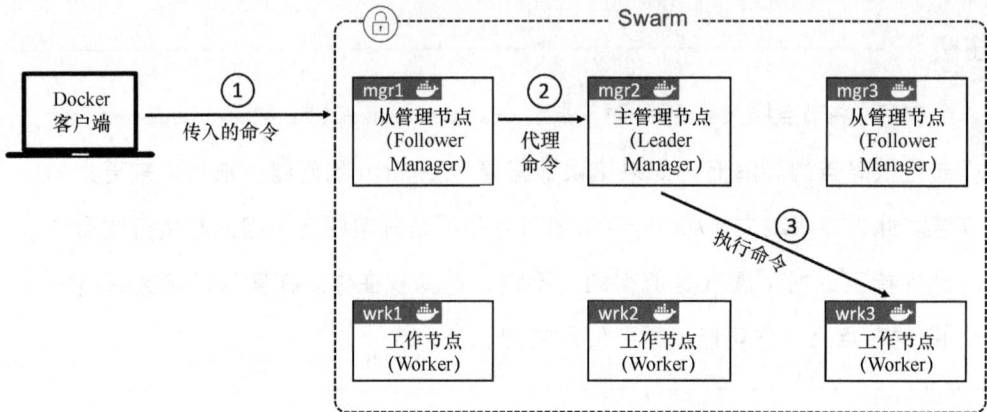

图 10.3　swarm 管理节点的高可用性

Leader 和 Follower 是 Raft 术语。这是因为 swarm 使用 Raft 共识算法的一种实现来在多个高可用管理节点之间维持一致的集群状态。

关于高可用性，以下是三条最佳实践原则：

1. 部署奇数个管理节点

2. 不要部署太多管理节点（建议 3 个或 5 个）

3. 将管理节点分散在不同可用区

拥有奇数个管理节点可以降低脑裂（split-brain）情况发生的概率。例如，如果有 4 个管理节点，并且网络被分区，那么在分区的每一侧可能只剩下两个管理节点。这就是所谓的脑裂——每一侧都知道之前有 4 个，但现在只能看到 2 个。但关键的是，双方都无法知道另外两个节点是否还存活，以及自己是否持有多数节点。在脑裂状态下，swarm 集群上的应用会继续运行，不过，我们无法更改配置，或添加和管理应用工作负载。

然而，如果存在 3 个或 5 个管理节点，并且发生了相同的网络分区，那么分区两边的管理节点数量则不可能相等。这意味着一侧知道自己拥有多数节点，且完整的集群管理服务仍然可用。图 10.4 右边的例子展示了一个分区集群，其中左侧的分区知道自己拥有多数管理节点。

脑裂　　　　　　　　　　　　　　　　　　　多数方读写　　　只读

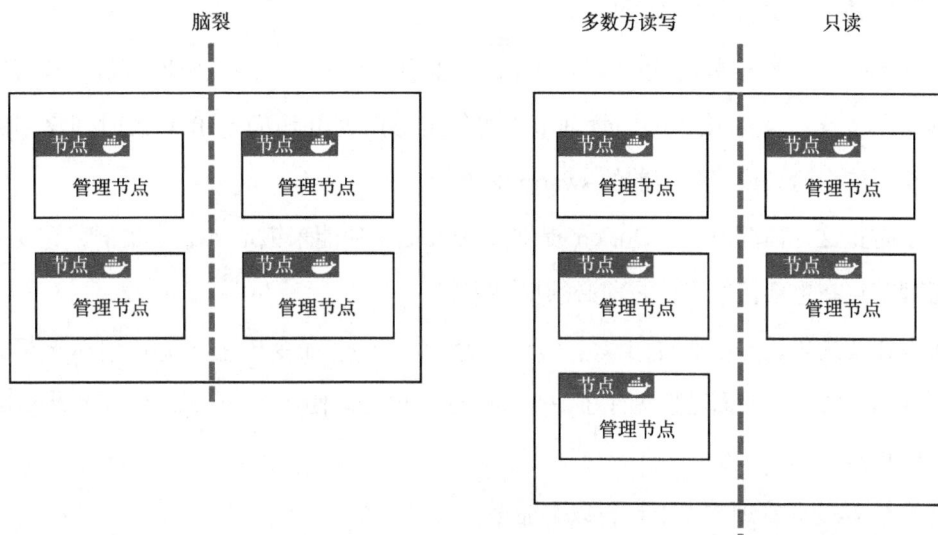

图 10.4　脑裂和非脑裂情况

与所有共识算法一样，更多的参与者意味着需要更多的时间来达成共识。这就像决定去哪里吃饭一样——3 个人做决定总是比 33 个人做决定更快更容易！考虑到这一点，最佳实践是为高可用性配备 3 或 5 个管理节点。7 个可能也行，但通常认为 3 个或 5 个是最优选择。

关于管理节点高可用性的最后一句忠告。虽然将管理节点分散到不同可用区是一种良好实践，但需要确保连接它们的网络是可靠的，因为网络分区可能很难排除故障并解决。这意味着，在本书撰写之际，将管理节点放在不同的云平台上以实现多云高可用性可能并不是一个好主意。

10.2.2.4　swarm 内置安全特性

swarm 集群有大量内置的安全特性，它们都有合理的默认配置，包括 CA 设置、接入令牌、双向 TLS、加密集群存储、加密网络、加密的节点 ID 等。

10.2.2.5 锁定 swarm

尽管 swarm 具有这些内置的安全特性，但重启旧管理节点或恢复旧备份仍有可能会危及集群的安全。重新接入的旧管理节点可能能够解密并访问 Raft 日志时间序列数据库，甚至可能会污染或清除当前的 swarm 配置。

为了防止这种情况发生，Docker 提供了 Autolock 功能来锁定 swarm 集群，它要求重启的管理节点在重新接回集群之前必须提供密钥。

可以在初始化过程中通过向 `docker swarm init` 命令传递 `--autolock` 标志来锁定 swarm。然而，前面已经创建了一个 swarm，也可以使用 `docker swarm update` 命令锁定集群。

在某个 swarm 管理节点上运行以下命令。

```
$ docker swarm update --autolock=true
Swarm updated.
To unlock a swarm manager after it restarts, run the `docker swarm unlock` command and
provide the following key:

    SWMKEY-1-XDeU3XC75Ku7rvGXixJ0V7evhDJGvIAvq0D8VuEAEaw

Please remember to store this key in a password manager, since without it you
will not be able to restart the manager.
```

请确保将解锁密钥保存在安全的地方。始终可以使用 `docker swarm unlock-key` 命令检查当前的 swarm 解锁密钥。

重启其中一个管理节点，查看它是否会自动重新加入集群。可能需要在命令前加上 `sudo` 来获取必要的权限。

```
$ service docker restart
```

试着列出 swarm 中的节点。

```
$ docker node ls
Error response from daemon: Swarm is encrypted and needs to be unlocked before
it can be used.
```

　　尽管 Docker 服务已在管理节点上重启，但它还没有被允许重新接入 swarm。可以在另一个管理节点上运行 docker node ls 命令来进一步证明这一点，此时重启的管理节点将显示为 down 和 unreachable。

　　要为重启的管理节点解锁 swarm，需要在该节点上运行 docker swarm unlock 命令，并提供解锁密钥。

```
$ docker swarm unlock
Please enter unlock key: <enter your key>
```

　　此时，该节点将被允许重新接入 swarm，如果再次运行 docker node ls 命令，结果将显示为 ready 和 reachable。

　　在生产环境中，建议锁定 swarm 并保护好解锁密钥。

10.2.2.6　专用管理节点

　　默认情况下，管理节点和工作节点都可以执行用户应用。在生产环境中，通常将 swarm 配置为仅工作节点执行用户应用，这样管理节点就可以专注于控制平面任务。

　　在每个管理节点上运行以下 3 条命令，以防止管理节点运行应用容器。

```
$ docker node update --availability drain mgr1
$ docker node update --availability drain mgr2
$ docker node update --availability drain mgr3
```

　　在后续步骤中，当我们部署具有多个副本的服务时，你将看到这一设置的实际效果。

　　现在已经搭建好了 swarm，并且理解了主节点和管理节点高可用性的基础设施概念，接下来我们将继续讨论应用方面的内容。

10.2.2.7　部署 Swarm 服务

　　本节中介绍的内容会在后续章节中通过 Docker Stack 进行改进。但是，重要的是你先在这里学习这些概念，以便为后续的学习做好准备。

　　服务允许我们指定大多数熟悉的容器选项，比如名称、端口映射、网络连接以及镜像。此外还增加了重要的云原生特性，包括期望状态（desired state）与调和

（reconciliation）。例如，swarm 服务允许我们定义应用的期望状态，并让 swarm 负责部署和管理它。

让我们看一个简单快速的例子。假设你有一个带有 Web 前端的应用，且有一个 Web 服务器镜像，测试表明你需要 5 个实例来处理日常流量。你可以将此需求转换为单个服务，它声明要使用的镜像，并指明服务应该始终具有 5 个运行中的副本。你将其作为期望状态发送给 swarm，而 swarm 负责确保始终有 5 个 Web 服务器实例在运行。

稍后我们将看到服务中还可以声明的其他内容，但在此之前，我们看看如何创建刚才描述的内容。

可以通过以下两种方式之一创建服务：

1. 在命令行中执行 `docker service create` 来命令式地创建服务

2. 使用 stack 文件声明式地创建服务

我们将在后面的章节中介绍 stack 文件。现在我们将重点关注命令式方法。

```
$ docker service create --name web-fe \
  -p 8080:8080 \
  --replicas 5 \
  nigelpoulton/ddd-book:web0.1

z7ovearqmruwk0u2vc5o7q10p
overall progress: 5 out of 5 tasks
1/5: running [==================================================>]
2/5: running [==================================================>]
3/5: running [==================================================>]
4/5: running [==================================================>]
5/5: running [==================================================>]
verify: Service converged
```

首先，回顾一下这条命令及其输出。

`docker service create` 命令告诉 Docker 部署一个新服务。我们使用 `--name` 标志将其命名为 `web-fe`，并告诉 Docker 将每个 swarm 节点上的 8080 端口映射到每个服务副本（容器）内的 8080 端口。接下来，使用 `--replicas` 标志告诉 Docker 这个服务应该始终具有 5 个副本。最后，告诉 Docker 副本基于哪个镜像来创建副本——重要的是要了解所有服务副本使用相同的镜像和配置!

术语 ✏️

　　服务部署容器，我们通常称这些容器为副本（replica）。例如，一个部署
3 个副本的服务将部署 3 个相同的容器。

　　该命令被发送到一个管理节点，主管理节点在整个 swarm 中实例化了 5 个副本。由于该 swarm 上的管理节点上不允许运行应用容器，因此这意味着 5 个副本都会被部署到工作节点上。每个收到任务的工作节点都会拉取镜像，并启动一个副本监听 8080 端口。swarm 主管理节点还确保了期望状态的副本存储在集群上，并且复制到每个管理节点。

　　但这还没有结束。swarm 会不断地监控所有服务——swarm 运行一个后台调和循环（reconciliation loop），后者不断地将服务的观察状态（observed state）与期望状态进行比较。如果两种状态相匹配，那么一切正常，不需要进一步操作。如果它们不匹配，swarm 就会采取行动使观察状态与期望状态达到一致。

　　例如，如果承载 5 个副本之一的工作节点失败，那么服务的观察状态将从 5 个副本减少到 4 个，从而不再与期望状态匹配。因此，swarm 将启动一个新副本，以使观察状态与期望状态保持一致。我们将这种行为称为调和或自我修复（self-healing），这是云原生应用的一个关键原则。

10.2.2.8　查看和检查服务

可以使用 `docker service ls` 命令查看 swarm 上运行的所有服务列表。

```
$ docker service ls
ID        NAME     MODE        REPLICAS   IMAGE              PORTS
z7o...uw  web-fe   replicated  5/5        nigelpoulton/ddd...  *:8080->8080/tcp
```

　　输出显示了一个服务以及一些基本的配置和状态信息。除此之外，我们还可以看到服务的名称，以及期望的 5 个副本都在运行。如果在部署服务后立即运行此命令，它可能不会显示所有副本都在运行，因为此时工作节点可能还在拉取镜像的阶段。

可以使用 docker service ps 命令查看服务副本列表以及每个副本的状态。

```
$ docker service ps web-fe
ID         NAME      IMAGE             NODE   DESIRED   CURRENT
817...f6z  web-fe.1  nigelpoulton/...  wrk1   Running   Running 2 mins
a1d...mzn  web-fe.2  nigelpoulton/...  wrk1   Running   Running 2 mins
cc0...ar0  web-fe.3  nigelpoulton/...  wrk2   Running   Running 2 mins
6f0...azu  web-fe.4  nigelpoulton/...  wrk3   Running   Running 2 mins
dyl...p3e  web-fe.5  nigelpoulton/...  wrk3   Running   Running 2 mins
```

该命令的格式为：docker service ps <服务名称或服务 ID>。输出显示了每个副本运行所处的节点，以及期望状态和当前的观察状态。

有关服务的详细信息，请使用 docker service inspect 命令查看。

```
$ docker service inspect --pretty web-fe
ID:               z7ovearqmruwk0u2vc5o7ql0p
Name:             web-fe
Service Mode:     Replicated
Replicas:         5
Placement:
UpdateConfig:
Parallelism:      1
On failure:       pause
Monitoring Period: 5s
Max failure ratio: 0
Update order:     stop-first
RollbackConfig:
Parallelism:      1
On failure:       pause
Monitoring Period: 5s
Max failure ratio: 0
Rollback order:   stop-first
ContainerSpec:
Image:            nigelpoulton/ddd-book:web0.1@sha256:8d6280c0042...1b9e4336730e5
Init:             false
Resources:
Endpoint Mode:    vip
Ports:
PublishedPort = 8080
Protocol = tcp
TargetPort = 8080
PublishMode = ingress
```

示例中使用了 --pretty 标志来限制输出，使其仅显示最感兴趣的项，并以一种易于阅读的格式进行打印。省略 --pretty 标志将提供更多信息。强烈建议阅读 docker inspect 命令的输出，因为它们是一个很好的信息来源，也是了解底层运行机制的好方法。

稍后会再次回顾其中的部分输出内容。

10.2.2.9　副本服务 vs 全局服务

服务的默认复制模式为 replicated（副本模式），它会部署期望数量的副本，并将它们尽可能均匀地分布在集群中。

另一种模式是 global（全局模式），此时它将在 swarm 中的每个节点上运行一个副本。

要部署全局服务（global service），需要将 --mode global 标志传递给 docker service create 命令。全局服务不接受 --replicas 标志，因为它在每个节点上仅运行一个副本。不过，它确实会考虑节点的可用性。

例如，如果你已经将管理节点设置为不运行应用容器，那么全局服务将不会向这些节点上调度副本。

10.2.2.10　服务扩缩容

服务的另一个强大特性是能够轻松地进行扩缩容。

假设业务量激增，我们看到 Web 前端的流量翻倍。幸运的是，我们可以使用 docker service scale 命令轻松对服务进行扩容。

```
$ docker service scale web-fe=10
web-fe scaled to 10
overall progress: 10 out of 10 tasks
1/10: running   [==================================================>]
2/10: running   [==================================================>]
3/10: running   [==================================================>]
4/10: running   [==================================================>]
5/10: running   [==================================================>]
```

```
 6/10: running  [==================================================>]
 7/10: running  [==================================================>]
 8/10: running  [==================================================>]
 9/10: running  [==================================================>]
10/10: running  [==================================================>]
```

该命令将服务副本数从 5 个扩展到 10 个。在后台，它将服务的期望状态从 5 更新为 10。再次运行 docker service ls 来验证操作是否成功。

```
$ docker service ls
ID         NAME      MODE        REPLICAS  IMAGE             PORTS
z7o...uw   web-fe    replicated  10/10     nigelpoulton/ddd... *:8080->8080/tcp
```

运行 docker service ps 命令将会显示服务副本均匀地分布在所有可用节点上。

```
$ docker service ps web-fe
ID         NAME        IMAGE              NODE DESIRED CURRENT
nwf...tpn  web-fe.1    nigelpoulton/...   wrk1 Running Running 7 mins
yb0...e3e  web-fe.2    nigelpoulton/...   wrk3 Running Running 7 mins
mos...gf6  web-fe.3    nigelpoulton/...   wrk2 Running Running 7 mins
utn...6ak  web-fe.4    nigelpoulton/...   wrk3 Running Running 7 mins
2ge...fyy  web-fe.5    nigelpoulton/...   wrk2 Running Running 7 mins
64y...m49  web-fe.6    igelpoulton/...    wrk3 Running Running about a min
ild...51s  web-fe.7    nigelpoulton/...   wrk1 Running Running about a min
vah...rjf  web-fe.8    nigelpoulton/...   wrk1 Running Running about a min
xe7...fvu  web-fe.9    nigelpoulton/...   wrk2 Running Running 45 seconds ago
17k...jkv  web-fe.10   nigelpoulton/...   wrk1 Running Running 46 seconds ago
```

在底层实现上，Swarm 运行了一个名为 spread 的调度算法，它试图尽可能均匀地在所有可用节点上分布副本。在本书撰写之际，这相当于在每个节点上运行相同数量的副本，而不考虑 CPU 负载等因素。

运行 docker service scale 命令将副本数从 10 降至 5。

```
$ docker service scale web-fe=5
web-fe scaled to 5
overall progress: 5 out of 5 tasks
1/5: running [==================================================>]
2/5: running [==================================================>]
3/5: running [==================================================>]
4/5: running [==================================================>]
```

```
5/5: running [==================================================>]
verify: Service converged
```

现在你已经知道了如何对服务扩缩容，接下来学习一下如何删除服务。

10.2.2.11 删除服务

删除服务很简单，甚至可能过于简单。

执行下面的 docker service rm 命令来删除 web-fe 服务。

```
$ docker service rm web-fe
web-fe
```

请使用 docker service ls 命令确认该服务已被删除。

```
$ docker service ls
ID   NAME   MODE   REPLICAS   IMAGE   PORTS
```

使用该命令时要谨慎，因为它会直接删除所有服务副本，而不会在删除之前请求确认。

接下来，我们看看如何推送滚动更新。

10.2.2.12 滚动更新

向应用推送更新是不可避免的，而且长期以来这个过程都很烦琐。

不过，多亏了 Docker 服务，向设计良好的微服务应用推送更新变得非常简单。

术语

我们使用诸如上线（rollout）、更新（update）和滚动更新（rolling update）等术语来表示同一件事情——更新在线应用。

为了展示如何操作，我们将部署一个新服务。但在此之前，我们要为这项服务创建一个新的覆盖网络。虽然这并非必需的，但我想让你看看它是如何完成的，以及如何将服务连接到该网络。

```
$ docker network create -d overlay uber-net
43wfp6pzea470et4d57udn9ws
```

运行 docker network ls 以验证网络是否已正确创建，并且在 Docker 主机上可见。

```
$ docker network ls
NETWORK ID          NAME         DRIVER       SCOPE
43wfp6pzea47        uber-net     overlay      swarm
<Snip>
```

uber-net 网络已在 swarm 作用域范围内成功创建，目前只在 swarm 的管理节点上可见。当工作节点上运行使用该网络的负载时，它将动态地扩展到这些工作节点。

覆盖网络是一种能够覆盖所有 swarm 节点的二层网络。同一个覆盖网络上的所有容器都能够相互通信，即使它们部署在不同的节点上。即使所有 swarm 节点位于不同的底层网络，这也能正常工作。

图 10.5 展示了连接到两个不同底层网络的 4 个 swarm 节点，这些底层网络通过一个三层路由器相连。覆盖网络覆盖了所有 4 个节点，并创建了单个扁平的二层网络，后者抽象了所有的底层网络。

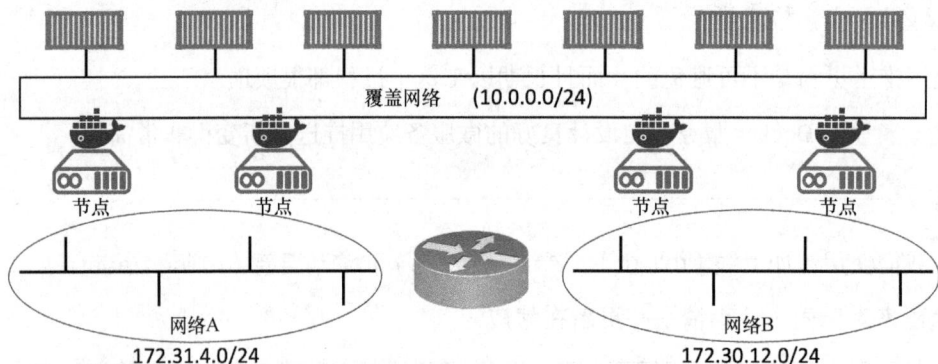

图 10.5　连接到两个不同底层网络的 4 个 swarm 节点

我们创建一个新服务，并将其连接到 uber-net 网络。

```
$ docker service create --name uber-svc \
```

```
  --network uber-net \
  -p 8080:8080 --replicas 12 \
  nigelpoulton/ddd-book:web0.1

dhbtgvqrg2q4sg07ttfuhg8nz
overall progress: 12 out of 12 tasks
1/12: running  [=================================================>]
2/12: running  [=================================================>]
3/12: running  [=================================================>]
<Snip>
12/12: running [=================================================>]
verify: Service converged
```

让我们看看我们刚刚部署了什么。

首先，将服务命名为 uber-svc。接着，使用 --network 标志告诉它将所有副本连接到 uber-net 网络。然后，在整个 swarm 中暴露 8080 端口，并将其映射到 12 个容器副本的 8080 端口。最后，告诉它基于 nigelpoulton/ddd-book:web0.1 镜像创建所有副本。

这种在 swarm 中的每个节点（即使是没有运行服务副本的节点）上发布端口的模式称为入口模式（ingress mode），这也是默认设置。另一种模式是主机模式（host mode），它只在运行副本的 swarm 节点上发布服务。

运行 docker service ls 和 docker service ps 来验证新服务的状态。

```
$ docker service ls
ID             NAME       REPLICAS   IMAGE
dhbtgvqrg2q4   uber-svc   12/12      nigelpoulton/ddd-book:web0.1

$ docker service ps uber-svc
ID          NAME         IMAGE              NODE DESIRED CURRENT STATE
0v...7e5 uber-svc.1   nigelpoulton/ddd... wrk3 Running Running 1 min
bh...wa0 uber-svc.2   nigelpoulton/ddd... wrk2 Running Running 1 min
23...u97 uber-svc.3   nigelpoulton/ddd... wrk2 Running Running 1 min
82...5y1 uber-svc.4   nigelpoulton/ddd... wrk2 Running Running 1 min
c3...gny uber-svc.5   nigelpoulton/ddd... wrk3 Running Running 1 min
e6...3u0 uber-svc.6   nigelpoulton/ddd... wrk1 Running Running 1 min
78...r7z uber-svc.7   nigelpoulton/ddd... wrk1 Running Running 1 min
2m...kdz uber-svc.8   nigelpoulton/ddd... wrk3 Running Running 1 min
```

```
b9...k7w uber-svc.9  nigelpoulton/ddd... wrk3 Running Running 1 min
ag...v16 uber-svc.10 nigelpoulton/ddd... wrk2 Running Running 1 min
e6...dfk uber-svc.11 nigelpoulton/ddd... wrk1 Running Running 1 min
e2...k1j uber-svc.12 nigelpoulton/ddd... wrk1 Running Running 1 min
```

打开 Web 浏览器，将其指向任意 swarm 节点的 8080 端口的 IP 地址，以查看服务运行情况，如图 10.6 所示。

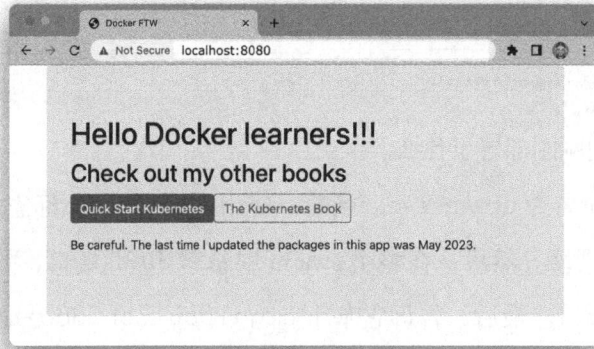

图 10.6　服务运行页面

可以随意将 Web 浏览器指向 swarm 集群中的其他节点。由于服务已在整个 swarm 上发布，因此你可以从任何节点访问该 Web 服务。

此时，假设你还需要向网站添加另一本书，同时假设已经为它创建了一个新镜像，并将其添加到相同的 Docker Hub 仓库中，但该镜像被标记为 web0.2，而不是 web0.1。

我们还假设你的任务是将更新后的镜像以分阶段方式推送到 swarm 中——每次 2 个副本，每次间隔 20 秒。此时，可以使用下面的 docker service update 命令来完成这项任务。

```
$ docker service update \
  --image nigelpoulton/ddd-book:web0.2 \
  --update-parallelism 2 \
  --update-delay 20s \
  uber-svc

  uber-svc
```

```
overall progress: 2 out of 12 tasks
1/12: running  [==================================================>]
2/12: running  [==================================================>]
3/12: ready    [=====================================>             ]
4/12: ready    [=====================================>             ]
5/12:
6/12:
<Snip>
11/12:
12/12:
```

回顾一下这条命令。docker service update 允许通过更新服务的期望状态来更新正在运行的服务。该例子指定了新版本的镜像（web0.2 而非 web0.1），还指定了 --update-parallelism 和 --update-delay 标志，以确保新镜像每次推送给 2 个副本，并在每次推送后有 20 秒的冷却期。最后，它指示 swarm 对 uber-svc 服务进行更改。

如果在更新过程中运行 docker service ps uber-svc 命令，则会发现一些副本是新版本，一些是旧版本。如果给予足够的时间来完成操作，那么所有副本最终将达到使用 web0.2 镜像的新期望状态。

```
$ docker service ps uber-svc
ID        NAME            IMAGE           NODE DESIRED    CURRENT STATE
7z...nys  uber-svc.1      nigel...web0.2  mgr2 Running    Running 13 secs
0v...7e5  \_uber-svc.1    nigel...web0.1  wrk3 Shutdown   Shutdown 13 secs
bh...wa0  uber-svc.2      nigel...web0.1  wrk2 Running    Running 1 min
e3...gr2  uber-svc.3      nigel...web0.2  wrk2 Running    Running 13 secs
23...u97  \_uber-svc.3    nigel...web0.1  wrk2 Shutdown   Shutdown 13 secs
82...5y1  uber-svc.4      nigel...web0.1  wrk2 Running    Running 1 min
c3...gny  uber-svc.5      nigel...web0.1  wrk3 Running    Running 1 min
e6...3u0  uber-svc.6      nigel...web0.1  wrk1 Running    Running 1 min
78...r7z  uber-svc.7      nigel...web0.1  wrk1 Running    Running 1 min
2m...kdz  uber-svc.8      nigel...web0.1  wrk3 Running    Running 1 min
b9...k7w  uber-svc.9      nigel...web0.1  wrk3 Running    Running 1 min
ag...v16  uber-svc.10     nigel...web0.1  wrk2 Running    Running 1 min
e6...dfk  uber-svc.11     nigel...web0.1  wrk1 Running    Running 1 min
e2...k1j  uber-svc.12     nigel...web0.1  wrk1 Running    Running 1 min
```

可以通过打开 Web 浏览器访问任何 swarm 节点的 8080 端口并多次刷新来实时观察更新过程。一些请求将由运行旧版本的副本提供服务，而另一些将由运行新版本的副本提供服务。在足够长时间之后，所有请求将由运行更新版本的副本提供服务。

恭喜！你刚刚完成了对运行中的容器化应用的零停机滚动更新。

如果对服务运行 docker service inspect --pretty 命令，你会看到更新时对并行和延迟的设置已经合并到服务的定义中。这意味着以后的更新将自动使用这些设置，除非你在 docker service update 命令中覆盖它们。

```
$ docker service inspect --pretty uber-svc
ID:                mub0dgtc8szm80ez5bs8wlt19
Name:              uber-svc
Service Mode:      Replicated
 Replicas:         12
<Snip>
UpdateConfig:
 Parallelism:      2             <<--------
 Delay:            20s           <<--------
 <Snip>
ContainerSpec:
 Image: nigelpoulton/ddd-book:web0.2@sha256:8fc6161f981b...4c2d16062678d
Resources:
Networks: uber-net
Ports:
 PublishedPort = 8080
 Protocol = tcp
 TargetPort = 8080
 PublishMode = ingress
```

你还应该注意关于服务网络配置的一些事项。swarm 集群中所有为服务运行副本的节点都将拥有我们之前创建的覆盖网络 uber-net。可以通过在任何运行副本的节点上运行 docker network ls 来验证这一点。

还应该注意 docker service inspect 输出中的 Networks 部分，它显示 uber-net 网络以及整个 swarm 范围内的（PublishMode：ingress）端口映射。

10.2.3 故障排查

Swarm 服务日志可以使用 docker service logs 命令查看。然而，并不是所有的日志驱动都支持它。

默认情况下，Docker 节点配置服务使用 json-file 日志驱动，但也存在其他驱动，包括：

- awslogs
- gelf
- gcplogs
- journald（仅适用于运行 systemd 的 Linux 主机）
- splunk
- syslog

json-file 和 journald 是最容易配置的日志驱动，且两者都与 docker service logs 命令兼容。该命令的格式为：docker service logs <服务名称>。

如果你使用第三方日志驱动，那么应该使用日志平台的原生工具来查看这些日志。

以下是 daemon.json 配置文件的一个片段，它显示了一个配置为使用 syslog 的 Docker 主机。其中，daemon.json 的默认位置是 /etc/docker/daemon.json，但该文件可能不存在，除非你手动创建它来配置自定义设置。

```
{
  "log-driver": "syslog"
}
```

你可以通过向 docker service create 命令传递 --log-driver 和 --log-opts 标志来强制每个服务使用不同的驱动，这将覆盖 daemon.json 中的所有设置。

服务日志希望应用作为 PID 1 运行，并将日志发送到 STDOUT，而将错误发送到 STDERR。日志驱动将这些"日志"转发到通过日志驱动配置的位置。

下面的 docker service logs 命令展示了名为 svc1 的服务的所有副本的日志，该服务在启动副本时经历了几次失败。

```
$ docker service logs svc1
svc1.1.zhc3cjeti9d4@wrk2 | [emerg] 1#1: host not found...
svc1.1.zhc3cjeti9d4@wrk2 | nginx: [emerg] host not found..
svc1.1.6m1nmbzmwh2d@wrk2 | [emerg] 1#1: host not found...
```

```
svc1.1.6m1nmbzmwh2d@wrk2 | nginx: [emerg] host not found..
svc1.1.1tmya243m5um@mgr1 | 10.255.0.2 "GET / HTTP/1.1" 302
```

以上输出内容有所删减，但你可以看到它展示了 3 个服务副本的日志（两个失败了，一个正在运行）。每一行以副本名称开始，其中包括服务名称、副本编号、副本 ID 和副本调度到的主机名称，接下来是日志输出。

由于输出内容有所删减，所以很难判断失败原因，但看起来前两个副本失败是因为它们试图连接到另一个仍在启动的服务。

可以使用以下选项来跟踪日志：

- （--follow）：跟踪日志

- （--tail）：显示日志的最后几行

- （--details）：获取额外的详细信息

10.2.4　备份和恢复 swarm

备份 swarm 就是备份控制平面的过程，它可用于在发生灾难性故障或损坏时恢复 swarm。从备份中恢复 swarm 是极其罕见的。然而，对于关键业务环境来说，应该始终为最坏的情况做好准备。

你可能会问，如果控制平面进行了复制且具有高可用性，那么为什么还需要备份。要回答这个问题，请考虑以下场景：一名恶意行为者删除了 swarm 上的所有密钥。在这种情况下，高可用性无法提供帮助，因为删除操作会自动复制到所有的管理节点。在这个场景中，高可用的副本集群存储会产生不利影响——快速传播删除操作。此时，唯一的恢复手段是，要么从仓库或源代码存储库中的副本重新创建已删除的对象，要么尝试从最近的备份中进行恢复。

声明式地管理 swarm 和应用是一种很好的方式，它可以避免从备份中恢复。例如，将配置对象存储在 swarm 之外的版本控制仓库中将使你能够重新部署网络、服务、密钥以及其他对象。

无论如何，让我们看看如何备份 swarm。

10.2.4.1　备份 swarm

swarm 的配置和状态存储在每个管理器节点的 /var/lib/docker/swarm 目录中，包括 Raft 日志密钥、覆盖网络、密钥、配置、服务等。swarm 备份就是该目录下所有文件的副本。

由于目录的内容会复制到所有管理节点，因此可以从多个管理节点进行备份。但是，由于在备份过程中必须停止 Docker 守护进程，而在主管理节点上停止 Docker 将会启动一次主管理节点选举，因此最好在非主管理节点上进行备份。另外，还应该在业务量较小时进行备份，因为如果在备份期间其他管理节点失败了，那么停止管理节点将增加 swarm 丢失法定数量的风险。

在开始备份之前创建以下网络。我们将在稍后的恢复步骤中检查这一点。

```
$ docker network create -d overlay unimatrix01
```

接下来要走的流程是一个高风险步骤，此处仅作演示目的。你需要根据生产环境对其进行调整，可能还需要在命令前加上 sudo。

1. 停止非主管理节点上的 Docker。

如果节点上运行了容器或服务副本，那么该操作可能会停止它们。但是，如果你一直跟随本书的操作，那么你的管理节点上将不会运行任何应用容器。

如果锁定了你的 swarm，请确保拥有一份 swarm 解锁密钥的副本。

```
$ service docker stop
```

2. 备份 swarm 配置。

该例子使用 Linux 的 tar 实用程序来执行文件复制以创建备份，不过你也可以随意使用其他工具。

```
$ tar -czvf swarm.bkp /var/lib/docker/swarm/
tar: Removing leading `/' from member names
/var/lib/docker/swarm/
```

```
/var/lib/docker/swarm/docker-state.json
/var/lib/docker/swarm/state.json
<Snip>
```

3. 验证备份文件是否存在。

```
$ ls -l
-rw-r--r-- 1 root root 450727 May 22 12:34 swarm.bkp
```

在实际情况下，你应该按照公司的备份保留策略来存储和轮换此备份。

此时，swarm 已经备份完成，可以在节点上重启 Docker 了。

4. 重启 Docker。

```
$ service docker restart
```

5. 解锁 swarm 以接纳重启的管理节点。只有当 swarm 被锁定时，才需要执行
此步骤。如果记不住 swarm 解锁密钥，请在另一个管理节点上运行 docker swarm
unlock-key 命令。

```
$ docker swarm unlock

  Please enter unlock key:
```

10.2.4.2　恢复 Swarm

从备份中恢复 Swarm 仅适用于 swarm 损坏或丢失，且无法从配置文件的副本中恢复
对象的情况。

需要 swarm.bkp 文件和 swarm 的解锁密钥副本（如果 swarm 是锁定的）。

要成功执行恢复操作，必须满足以下要求：

1. 只能恢复到运行与备份时相同版本的 Docker 的节点；

2. 只能恢复到与执行备份的节点 IP 地址相同的节点。

恢复操作需要在执行备份的管理节点上进行，且可能需要给命令加上 sudo 前缀。

1. 停止管理节点上的 Docker。

```
$ service docker stop
```

2. 删除 Swarm 配置。

```
$ rm -r /var/lib/docker/swarm
```

此时，管理节点已经关闭并准备好进行恢复操作。

3. 从备份文件中恢复 Swarm 配置，并验证文件恢复情况。

在这个例子中，我们将从一个名为 swarm.bkp 的 tar 压缩文件中进行恢复。要求必须恢复到根目录，因为备份包含了原始文件的完整路径。不过，在你的环境中可能有所不同。

```
$ tar -zxvf swarm.bkp -C /

$ ls /var/lib/docker/swarm
certificates docker-state.json raft state.json worker
```

4. 启动 Docker。

```
$ service docker start
```

5. 利用你的 Swarm 解锁密钥来解锁 Swarm。

```
$ docker swarm unlock
Please enter unlock key: <your key>
```

6. 使用备份中的配置初始化一个新的 swarm。请确保对正在执行恢复操作的节点使用合适的 IP 地址。

```
$ docker swarm init --force-new-cluster \
  --advertise-addr 10.0.0.1:2377 \
  --listen-addr 10.0.0.1:2377

Swarm initialized: current node (jhsg...3l9h) is now a manager.
```

7. 检查 unimatrix01 网络是否已恢复。

```
$ docker network ls
NETWORK ID     NAME         DRIVER    SCOPE
z21s5v82by8q   unimatrix01  overlay   swarm
```

恭喜，Swarm 已经恢复。

8. 添加新的管理节点和工作节点，并进行新的备份。

记住要定期彻底测试这个过程，你肯定不希望它在你最需要它的时候出现问题！

10.3　Docker Swarm——命令

- `docker swarm init` 是创建新 swarm 的命令。运行该命令的节点将成为第一个管理节点，并切换成 swarm 模式运行。

- `docker swarm join-token` 揭示了将工作节点和管理节点接入 swarm 所需的命令和令牌。要显示接入新管理节点的命令，请使用 `docker swarm join-token manager` 命令。要获取接入工作节点的命令，请使用 `docker swarm join-token worker` 命令。请保证你的接入令牌的安全性！

- `docker node ls` 会列举 swarm 中的所有节点，包括哪些是管理节点，哪些是主管理节点。

- `docker service create` 是创建新服务的命令。

- `docker service ls` 列出了正在运行的服务，并给出服务及其运行副本状态的基本信息。

- `docker service ps <服务>` 提供关于各个服务副本的详细信息。

- `docker service inspect` 提供关于服务的详细信息。它接受 `--pretty` 标志来仅返回最重要的信息。

- `docker service scale` 允许增加或减少服务中副本的数量。

- `docker service update` 允许更新正在运行的服务的许多属性。

- `docker service logs` 可以查看服务的日志。

- `docker service rm` 是从 swarm 中删除服务的命令。请谨慎使用，因为它会在不请求确认的情况下删除所有服务副本。

10.4　本章小结

Docker Swarm 是 Docker 的原生技术，用于管理 Docker 节点集群和编排微服务应用。它类似于 Kubernetes，但更易于使用。

Swarm 的核心包含两部分：一个安全的集群组件和一个编排组件。

其中，集群组件是企业级的，提供了大量自动配置且易于修改的安全和高可用特性。编排组件允许以一种简单的声明方式部署和管理云原生微服务应用。

我们将在第 14 章深入探讨如何部署云原生微服务应用。

第11章 Docker 网络

网络总是问题所在！

每当遇到基础设施问题时，我们总是归咎于网络。部分原因是网络处于一切的中心——没有网络就没有应用！

在 Docker 的早期，网络配置比较困难。如今，这几乎变成了一种乐趣。

在本章中，我们将介绍 Docker 网络的基础知识，比如容器网络模型（Container Network Model，CNM）和 libnetwork。此外，我们还将动手构建和测试网络。

按照惯例，本章分为 3 部分：

- 简介
- 详解
- 命令

11.1　Docker 网络——简介

Docker 在容器内运行应用，而应用需要与其他应用通信。其中，有些应用运行在容器中，有些则不是。这意味着 Docker 需要强大的网络能力。

幸运的是，Docker 提供了容器到容器的网络解决方案，以及连接现有网络和 VLAN 的能力。其中，后者对于需要与外部服务（比如虚拟机和物理服务器）交互的容器化应用非常重要。

Docker 网络基于一种叫作容器网络模型的开源可插拔架构。libnetwork 是 CNM 的参考实现，它提供了 Docker 所有的核心网络能力。各种驱动可通过插入 libnetwork 来提供特定的网络拓扑。

为了提供流畅的开箱即用体验，Docker 为大多数常见的网络需求提供了一系列原生驱动，包括单主机桥接网络（single-host bridge network）、多主机覆盖网络（multi-host overlay network）以及与现有 VLAN 连接的选项。生态系统合作伙伴还可以通过提供自己的驱动来进一步扩展功能。

最后但同样重要的是，libnetwork 提供了本地服务发现和基本的容器负载均衡。

以上就是宏观概述。接下来，让我们开始深入了解细节。

11.2　Docker 网络——详解

本节内容组织如下：

- 基础理论
- 单主机桥接网络
- 多主机覆盖网络
- 连接现有网络

- 服务发现

- 入口负载均衡

11.2.1　基础理论

从顶层设计上来说，Docker 网络由 3 个主要组件构成：

- 容器网络模型（CNM）

- libnetwork

- 驱动

CNM 是设计规范，它概述了 Docker 网络的基本构建块。

libnetwork 是 CNM 的实际实现。它作为 Moby 项目的一部分进行开源，并被 Docker 和其他项目使用。

驱动通过实现特定的网络拓扑（比如 VXLAN 覆盖网络）来扩展功能。

图 11.1 展示了它们在较高层次上是如何组合在一起的。

图 11.1　Docker 网络主要组件

接下来，我们分别研究每个组件。

11.2.2　容器网络模型（CNM）

一切始于设计。

Docker 网络的设计指南是 CNM。CNM 概述了 Docker 网络的基本构建块，可以在

GitHub 的 docker/libnetwork 库里阅读完整的规范。

建议阅读整个规范，但从高层次上来看，它定义了 3 个构建块：

- 沙盒
- 端点
- 网络

沙盒（sandbox）是容器中的一个隔离网络栈，它包括以太网接口、端口、路由表和 DNS 配置。

端点（endpoint）是虚拟网络接口（比如 veth）。就像普通的网络接口一样，这些接口负责建立连接。例如，端点用于将沙盒连接到网络。

网络（network）是交换机（802.1d 桥接）的软件实现。因此，网络就是需要交互的终端的集合，并且终端之间相互独立。

图 11.2 展示了这 3 个组件及其连接方式。

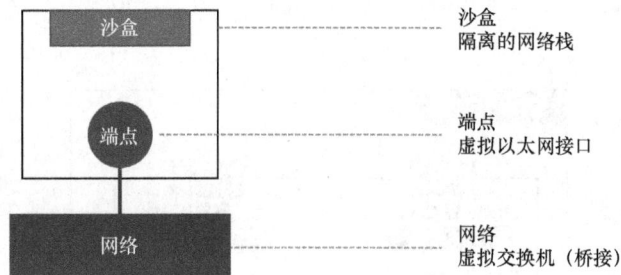

图 11.2　容器网络模型

Docker 上调度的基本单位是容器。顾名思义，容器网络模型就是为容器提供网络。图 11.3 展示了 CNM 组件与容器的关系——沙盒放置在容器内部以提供网络连接。

容器 A 有一个单独的接口（端点）且连接到网络 A。容器 B 有两个接口（端点），并且分别连接到网络 A 和网络 B。由于这两个容器都连接到了网络 A，因此它们能够相互通信。然而，如果没有三层路由器的帮助，容器 B 的两个端点则无法相互通信。

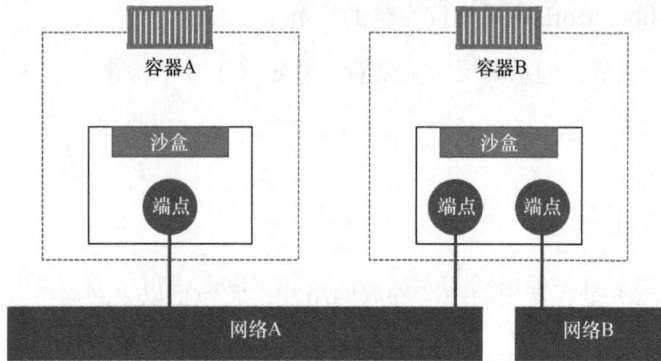

图 11.3　CNM 与容器的关系

端点的行为类似于常规的网络适配器，这意味着它们只能连接到单个网络，理解这一点也很重要。因此，需要连接多个网络的容器将需要多个端点。

图 11.4 再次扩展了这个关系图，这次添加了一个 Docker 主机。尽管容器 A 和容器 B 运行在同一台主机上，但它们的网络栈在操作系统级通过沙盒完全隔离，因此只能通过网络进行通信。

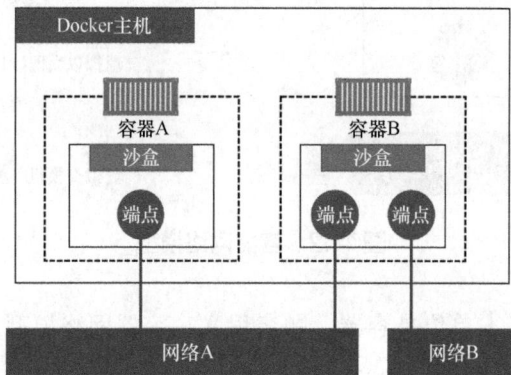

图 11.4　Docker 主机上 CNM 与容器的关系

11.2.2.1　Libnetwork

CNM 是设计文档，libnetwork 则是其标准实现。libnetwork 是开源的、跨平台的（支持 Linux 和 Windows），属于 Moby 项目的一部分，并被 Docker 使用。

在 Docker 的早期阶段，所有的网络代码都存在于守护进程中。这是一个噩梦——守护进程变得臃肿，并且它没有遵循构建模块化工具的 Unix 原则，即这些工具既可以独立工作，也可以轻松地组合到其他项目中。因此，网络代码被抽离出来，并基于 CNM 的原则重构为一个外部库 `libnetwork`。目前，所有的 Docker 网络核心代码都位于 `libnetwork` 中。

在实现 CNM 核心组件的同时，`libnetwork` 还实现了本地服务发现（native service discovery）、基于入口的容器负载均衡（ingress-based container load balancing）以及网络控制平面和管理平面。

11.2.2.2　驱动

如果 `libnetwork` 实现了控制平面和管理平面，那么驱动则实现了数据平面。例如，连接和隔离都由驱动处理，网络的创建也是如此，其关系如图 11.5 所示。

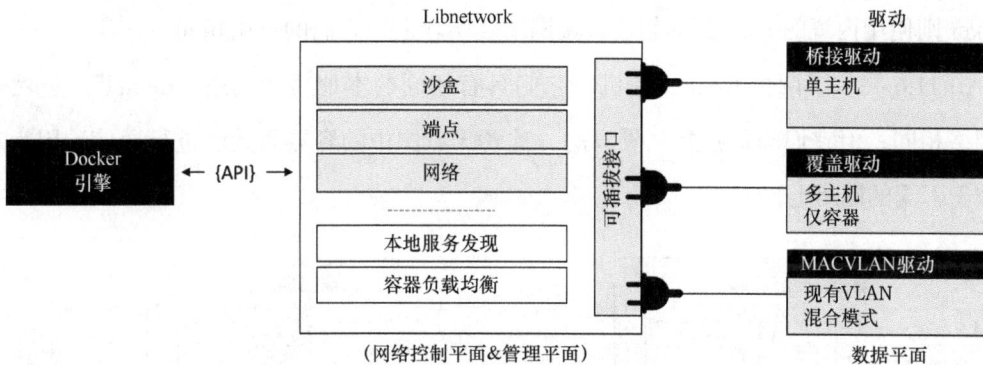

图 11.5　libnetwork 与驱动的关系

Docker 内置了几种驱动，称为原生驱动或本地驱动。其中，包括 `bridge`、`overlay` 和 `macvlan`，它们构建了最常见的网络拓扑。第三方也可以编写网络驱动来实现其他网络拓扑和更高级的配置。

每个网络都由一个驱动管理，而驱动负责创建和管理网络上的所有资源。例如，一

个名为 "prod-fe-cuda" 的覆盖网络将由 overlay 驱动拥有和管理，这意味着 overlay 驱动被用于创建、管理和删除该网络上的所有资源。

为了满足复杂且不确定的环境需求，libnetwork 允许同时激活多个网络驱动，这意味着 Docker 环境可以运行多种异构网络。

接下来，我们将更深入地了解单主机桥接网络、多主机覆盖网络以及连接现有网络。

11.2.3　单主机桥接网络

最简单的 Docker 网络类型是单主机桥接网络。

从名称上我们可以了解到两件事：

- 单主机意味着它只能在单个 Docker 主机上运行，并且只能连接同一主机上的容器。
- 桥接意味着它是 802.1d 桥接（二层交换机）的一种实现。

Linux 上的 Docker 使用内置的 bridge 驱动创建单主机桥接网络，而 Windows 上的 Docker 则使用内置的 nat 驱动创建桥接网络。实际上，它们的作用相同。

图 11.6 展示了两台 Docker 主机，它们具有相同的本地桥接网络 "mynet"。虽然这些网络相同，但它们却是独立和隔离的，这意味着图中的容器间无法进行通信，因为它们位于不同的网络上。

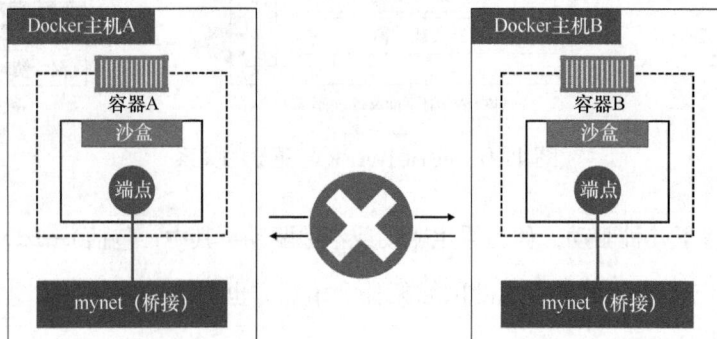

图 11.6　两台 Docker 主机上的同名网络相互独立

每个 Docker 主机都有一个默认的单主机桥接网络。在 Linux 上名为 "bridge"，在 Windows 上名为 "nat"（它们和用于创建它们的驱动名称相同，这只是一个巧合）。默认情况下，所有新容器都会连接到这些网络，除非你在命令行中用 --network 标志覆盖它。

以下命令显示了在新安装的 Linux 和 Windows Docker 主机上执行 docker network ls 命令的输出。其中，输出内容经过了截断，从而只显示每个主机上的默认网络。请注意，网络的名称与用于创建它的驱动名称是相同的——这是一个巧合而非要求。

```
//Linux
$ docker network ls
NETWORK ID          NAME      DRIVER    SCOPE
333e184cd343        bridge    bridge    local

//Windows
> docker network ls
NETWORK ID          NAME      DRIVER    SCOPE
095d4090fa32        nat       nat       local
```

再次指出，docker inspect 命令是一个丰富的信息宝库。如果你对底层细节感兴趣，那么强烈建议阅读它的输出内容。

```
$ docker inspect bridge
[
    {
        "Name": "bridge", << Will be nat on Windows
        "Id": "333e184...d9e55",
        "Scope": "local",
        "Driver": "bridge", << Will be nat on Windows
        "EnableIPv6": false,
        "IPAM": {
            "Driver": "default",
            "Options": null,
            "Config": [
                {
                    "Subnet": "172.17.0.0/16"
                }
            ]
        },
        "Internal": false,
        "Attachable": false,
```

```
        "Ingress": false,
        "ConfigFrom": {
            "Network": ""
        },
        <Snip>
    }
]
```

在 Linux 主机上使用 bridge 驱动构建的 Docker 网络基于久经考验的 Linux 桥接技术，该技术已经在 Linux 内核中存在了 20 年。这意味着它们具有高性能和极高的稳定性，也意味着你可以使用标准的 Linux 工具来检查它们。例如：

```
$ ip link show docker0
3: docker0: <BROADCAST,MULTICAST,UP,LOWER_UP> mtu 1500 qdisc...
    link/ether 02:42:af:f9:eb:4f brd ff:ff:ff:ff:ff:ff
```

在所有基于 Linux 的 Docker 主机上，默认的"bridge"网络映射到内核中一个名为"docker0"的底层 Linux 网桥。我们可以从 docker inspect 的输出中看到这一点。

```
$ docker inspect bridge | grep bridge.name
"com.docker.network.bridge.name": "docker0",
```

图 11.7 展示了连接到"bridge"网络的容器。"bridge"网络映射到了主机内核中的"docker0"网桥，通过端口映射连接到了主机上的以太网接口。

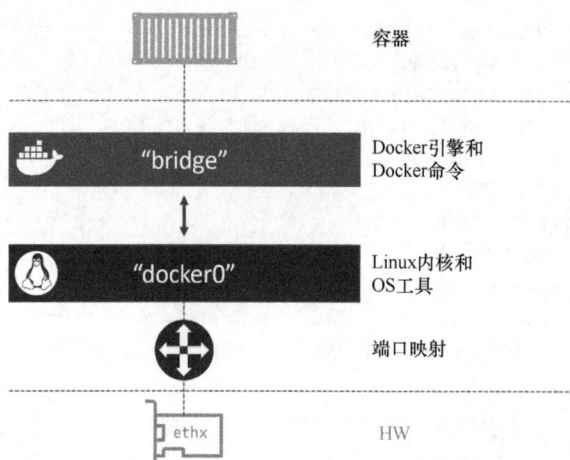

图 11.7　连接到"bridge"网络的容器

下面，使用 docker network create 命令创建一个新的名为 "localnet" 的单主机桥接网络。

```
$ docker network create -d bridge localnet
```

新的网络创建完成后，它将出现在后续所有 docker network ls 命令的输出中。此外，你还将在内核中创建一个新的 Linux 网桥。

接下来，使用 Linux 的 brctl 工具查看当前系统中的 Linux 网桥。可能需要使用 apt-get install bridge-utils 命令安装 brctl 二进制文件，或使用你的 Linux 发行版中等价的工具。

```
$ brctl show
bridge name        bridge id          STP enabled interfaces
docker0            8000.0242aff9eb4f  no
br-20c2e8ae4bbb    8000.02429636237c  no
```

输出显示了两个网桥。第一行是我们已经知道的 "docker0" 网桥，第二个网桥（br-20c2e8ae4bbb）与刚刚创建的新的桥接网络 localnet 有关。它们都没有启用生成树协议，也没有连接任何设备（对应的 interfaces 列为空）。

此时，主机上的网桥配置如图 11.8 所示。

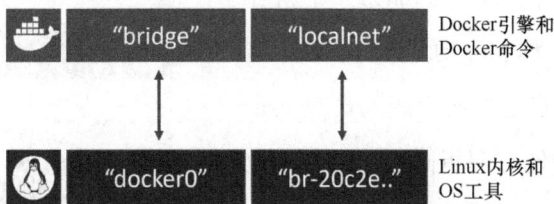

图 11.8　主机上的网桥配置

我们创建一个新的容器并将其连接到新的桥接网络 localnet。

```
$ docker run -d --name c1 \
  --network localnet \
  alpine sleep 1d
```

该容器将连接到 localnet 网络，请使用 docker inspect 确认这一点。如果你的输出未进行正确的格式化，那么可以尝试通过 jq 来处理它。显然，首先需要在系统上安装 jq。

```
$ docker inspect localnet --format '{{json .Containers}}'
{
  "4edcbd...842c3aa": {
    "Name": "c1",
    "EndpointID": "43a13b...3219b8c13",
    "MacAddress": "02:42:ac:14:00:02",
    "IPv4Address": "172.20.0.2/16",
    "IPv6Address": ""
    }
},
```

输出显示新的容器 "c1" 位于桥接网络 localnet 上。

如果再次运行 brctl show，将看到 c1 的接口连接到了网桥 br-20c2e8ae4bbb。

```
$ brctl show
bridge name        bridge id          STP enabled   interfaces
br-20c2e8ae4bbb    8000.02429636237c  no            vethe792ac0
docker0            8000.0242aff9eb4f  no
```

图 11.9 展示了上述关系。

如果我们向同一个网络中添加另一个新容器，它将能够通过名称 ping 通容器 "c1"。这是因为所有容器都会自动注册到嵌入式 Docker DNS 服务中，使它们能够解析同一网络上其他所有容器的名称。

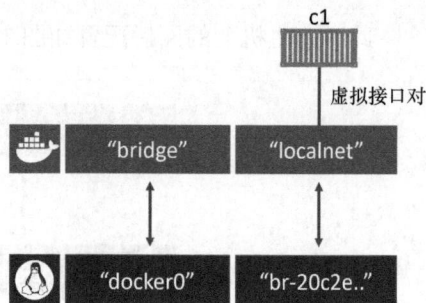

图 11.9　容器连接到网桥

注意

　　默认的桥接网络 "bridge" 不支持通过 Docker DNS 服务进行名称解析。然而，其他所有用户定义的桥接网络则支持。由于容器位于用户定义的 localnet 网络上，因此下面的演示将正常工作。

让我们来测试一下。

1. 创建一个名为 "c2" 的新的交互式容器，并将其接入 "c1" 所在的 localnet 网络。

```
$ docker run -it --name c2 \
  --network localnet \
  alpine sh
```

终端将切换到容器 "c2" 中。

2. 在容器 "c2" 中，通过名称 ping 容器 "c1"。

```
> ping c1
Pinging c1 [172.26.137.130] with 32 bytes of data:
Reply from 172.26.137.130: bytes=32 time=1ms TTL=128
Reply from 172.26.137.130: bytes=32 time=1ms TTL=128
Control-C
```

成功！这是因为容器 c2 运行了一个本地 DNS 解析器，它将请求转发给内部的 Docker DNS 服务器，而此 DNS 服务器维护了所有以 --name 或 --net-alias 标志启动的容器的映射。

如果仍处于容器中，可以尝试运行一些与网络相关的命令，因为这是了解 Docker 网络工作原理的绝佳方法。不过，可能需要手动安装自己喜欢的网络工具来执行此操作。

到目前为止，我们提到桥接网络上的容器只能与同一网络上的其他容器通信。不过，可以使用端口映射（port mapping）解决这个问题。

端口映射允许将容器映射到 Docker 主机上的端口。任何访问 Docker 主机上配置端口的流量都将被重定向到容器。具体流程如图 11.10 所示。

在图 11.10 中，容器中运行的应用在 80 端口

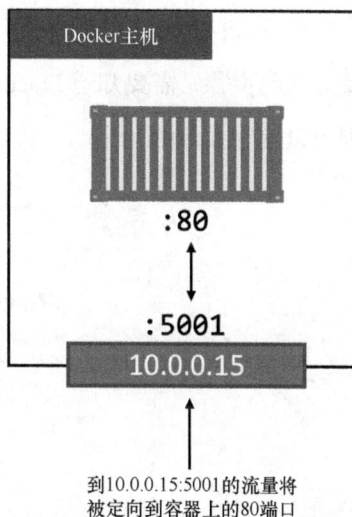

图 11.10 端口映射将流量重定向到容器

上运行，后者映射到主机的 10.0.0.15 接口上的 5001 端口。结果是，所有通过 10.0.0.15:5001 访问该主机的流量都被重定向到容器的 80 端口。

我们看一个例子，将运行 Web 服务器的容器上的 80 端口映射到 Docker 主机上的 5001 端口。本例将在 Linux 上使用 NGINX。

1. 运行一个新的 NGINX Web 服务器容器，并将 80 端口映射到 Docker 主机上的 5001 端口。

```
$ docker run -d --name web \
  --network localnet \
  --publish 5001:80 \
  nginx
```

2. 验证端口映射。

```
$ docker port web
80/tcp -> 0.0.0.0:5001
80/tcp -> [::]:5001
```

这显示了 Docker 主机上的所有接口都存在端口映射。

3. 通过将 Web 浏览器指向 Docker 主机的 5001 端口来测试配置，如图 11.11 所示。要完成此步骤，需要知道 Docker 主机的 IP 或 DNS 名称。如果使用的是 Docker Desktop，则可以使用 localhost:5001 或 127.0.0.1:5001。

图 11.11 访问 Docker 主机的 5001 端口

任何外部系统现在都可以通过访问 Docker 主机的 5001 端口来访问 Nginx 容器（运行在 localnet 桥接网络上）。

像这样映射端口虽然有效，但比较笨拙且不能扩展。例如，仅有一个容器可以绑定到主机上的任何特定端口。在我们的例子中，其他容器都不能绑定到 5001 端口。这就是单主机桥接网络只适用于本地开发环境和非常小型的应用的原因之一。

11.2.4　多主机覆盖网络

由于下一章将专门讨论多主机覆盖网络，因此本节内容将尽量简短。

覆盖网络适用于多主机环境。这意味着单个网络可以跨越 swarm 中的每个节点，允许不同主机上的容器进行通信。因此，它们非常适合容器到容器的通信，并且具有良好的可扩展性。

Docker 为覆盖网络提供了一个原生驱动，这使得创建它们变得非常简单，只需在 docker network create 命令中添加 -d overlay 标志。

我们将在下一章深入探讨大量示例。

11.2.5　连接现有网络

将容器化应用连接到外部系统和物理网络的能力非常重要。一个常见的例子是部分容器化的应用——容器化的部分需要通过一种方式与仍然运行在已有物理网络或 VLAN 上的部分进行通信。

为此而创建的内置 MACVLAN 驱动（在 Windows 上是 Transparent）正是考虑了这一点。它为每个容器在外部物理网络上分配了各自的 IP 和 MAC 地址，使它们看起来就像物理服务器或虚拟机一样，如图 11.12 所示。

从好的方面来看，由于 MACVLAN 不需要端口映射或额外桥接，因此它的性能很好。然而，它要求主机网卡处于混杂模式（promiscuous mode），这在许多企业网络和公有云平台上是不允许的。所以，如果你的网络团队允许混杂模式，那么 MACVLAN 非常适合你的数据中心网络，但在公有云上可能无法使用。

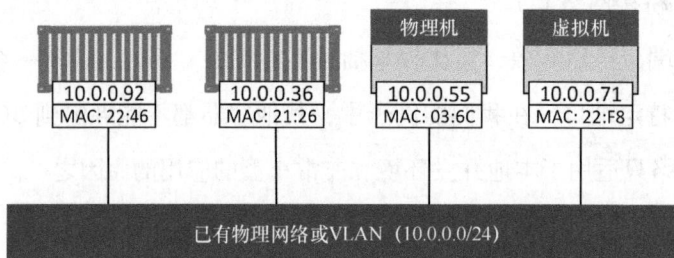

图 11.12　MACVLAN 驱动原理

接着，我们借助一些图示和一个假设例子来更深入地探讨。如果你的主机网卡在允许混杂模式的网络上，则此示例将正常工作。它还需要网络上已经存在一个 VLAN 100。如果你的物理网络上的 VLAN 配置不同，则可以对其进行调整。

假设有一个包含两个 VLAN 的物理网络，如图 11.13 所示：

- VLAN 100：10.0.0.0/24
- VLAN 200：192.168.3.0/24

图 11.13　包含两个 VLAN 的物理网络

接下来，添加一个 Docker 主机并将其连接到网络，如图 11.14 所示。

然后要求运行在该主机上的容器必须位于 VLAN 100 上。为此，我们使用 macvlan 驱动创建一个新的 Docker 网络。然而，macvlan 驱动需要我们提供一些关于要接入网络的信息。比如：

- 子网信息
- 网关

- 可以分配给容器的 IP 范围
- 主机上要使用的接口或子接口

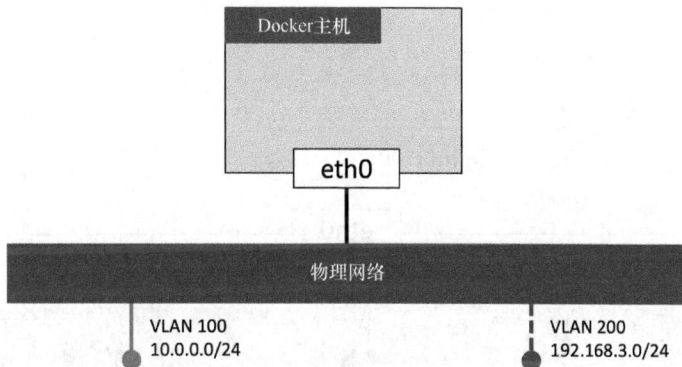

图 11.14　添加 Docker 主机并连接到网络

下面的命令将创建一个名为"macvlan100"的新 MACVLAN 网络，它将容器连接到 VLAN 100。可能需要将 eth0 更改为与系统上的主接口名称匹配的名称，比如 enp0s1。例如，将"-o parent=eth0.100"更改为"-o parent=enp0s1.100"。

```
$ docker network create -d macvlan \
  --subnet=10.0.0.0/24 \
  --ip-range=10.0.0.0/25 \
  --gateway=10.0.0.1 \
  -o parent=eth0.100 \
  macvlan100
```

这将创建 macvlan100 网络和 eth0.100 子接口。当前网络配置如图 11.15 所示。

MACVLAN 网络使用标准的 Linux 子接口，并通过它们即将连接的 VLAN 的 ID 标记它们。在本例中，我们连接到 VLAN 100，所以将子接口标记为 .100（-o parent=eth0.100）。

我们还使用 --ip-range 标志告诉 MACVLAN 网络可以将哪个 IP 地址子集分配给容器。至关重要的是，这个地址范围是为 Docker 保留的，而不能被其他节点或 DHCP 服务器使用，因为 MACVLAN 驱动没有管理平面功能来检查 IP 地址范围是否重叠。

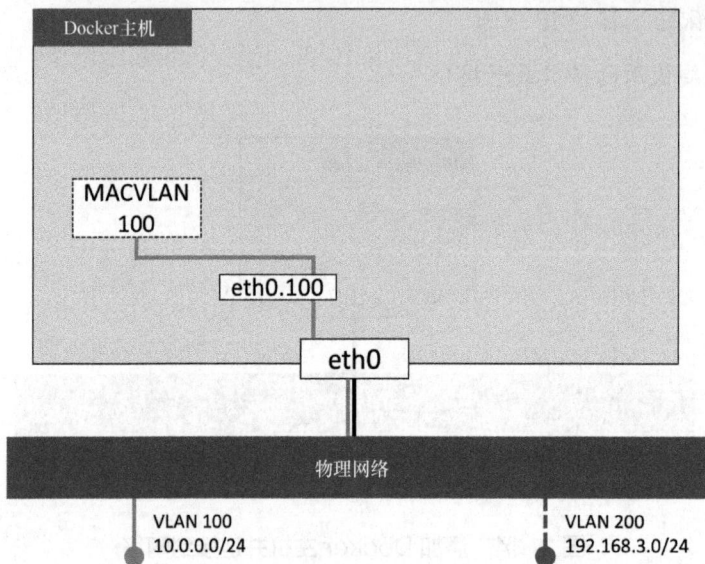

图 11.15　当前网络配置

macvlan100 网络已经为容器准备好了，接下来使用以下命令部署一个容器。

```
$ docker run -d --name mactainer1 \
  --network macvlan100 \
  alpine sleep 1d
```

当前网络配置如图 11.16 所示。但是请记住，底层网络（VLAN 100）看不到任何的 MACVLAN 魔法，它只看到容器及其 MAC 和 IP 地址。这意味着"mactainer1"容器将能够 ping 通 VLAN 100 上的任何其他系统并与之通信。

注意

> 如果它无法正常工作，可能是因为主机网卡未处于混杂模式。请记住，公有云平台通常不允许混杂模式。

此时，我们已经拥有了一个 MACVLAN 网络，并使用它将一个新容器连接到了现有 VLAN。然而，事情并没有止步于此。Docker MACVLAN 驱动建立在久经考验的同名 Linux 内核驱动之上。因此，它支持 VLAN 中继。这意味着我们可以创建多个 MACVLAN 网络，并将同一个 Docker 主机上的容器连接到这些网络，如图 11.17 所示。

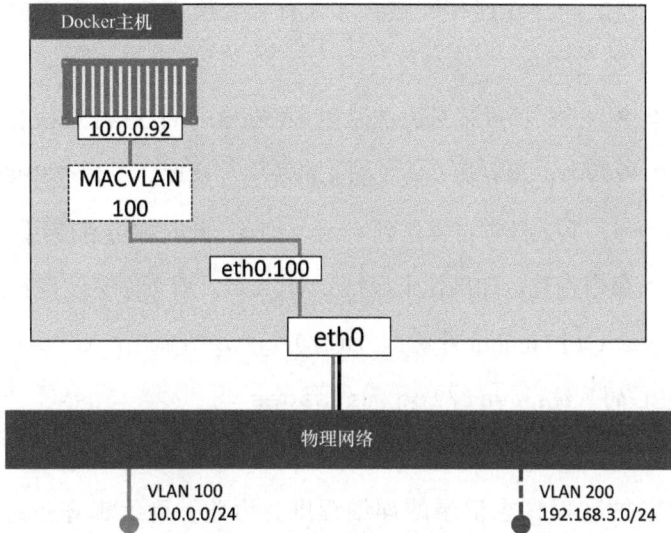

图 11.16　当前网络配置

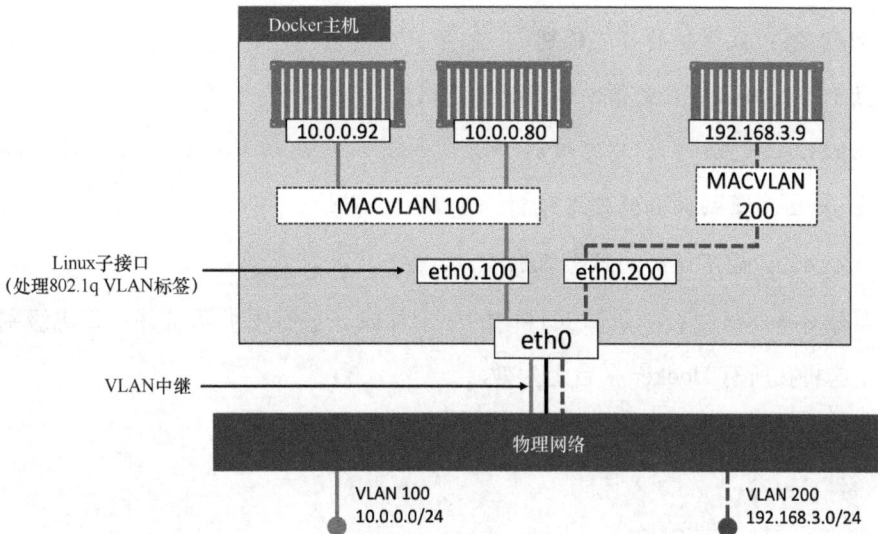

图 11.17　支持 VLAN 中继的 MACVLAN 网络

用于故障排查的容器和服务日志

在继续讨论服务发现之前，先简要介绍一下连接问题的故障排查。

如果你怀疑容器之间存在连接问题，那么有必要检查 Docker 守护进程日志和容器日志。

在 Windows 系统上，守护进程日志存储在 ~AppData\Local\Docker 目录下，可以在 Windows 事件查看器中查看它们。在 Linux 系统上，这取决于你使用的 init 系统。如果你运行的是 systemd，那么日志将发送到 journald，此时你可以使用 journalctl -u docker.service 命令查看。如果你未运行 systemd，那么你应该查看以下位置：

- 运行 upstart 的 Ubuntu 系统：/var/log/upstart/docker.log
- 基于 RHEL 的系统：/var/log/messages
- Debian：/var/log/daemon.log

还可以设置守护进程日志记录的详细程度。为此，请编辑守护进程配置文件（/etc/docker/daemon.json），将 debug 设置为 true，并将 log-level 设置为以下取值之一：

- debug：最详细的日志级别
- info：默认值且是第二详细的日志级别
- warn：第三详细的日志级别
- error：第四详细的日志级别
- fatal：最不详细的日志级别

下面是 daemon.json 配置文件中的一个片段，它启用了调试并将日志级别设置为 debug。这将在所有 Docker 平台上生效。

```
{
  <Snip>
  "debug":true,
  "log-level":"debug",
  <Snip>
}
```

如果 daemon.json 文件不存在，则创建它！另外，请确保在修改文件后重新启动
Docker。

这就是守护进程日志。那么容器日志呢？

可以使用 docker logs 命令查看独立容器的日志，使用 docker service
logs 命令查看 Swarm 服务的日志。然而，Docker 支持多种日志驱动，但并不都是通过
docker log 命令查看。

除了守护进程日志的驱动和配置外，每个 Docker 主机都有一个默认的容器日志驱动
和配置。其中一些驱动包括：

- json-file（默认）
- journald（仅适用于运行 systemd 的 Linux 主机）
- syslog
- splunk
- gelf

其中，json-file 和 journald 可能是最容易配置的，它们都与 docker logs 和
docker service logs 一起工作。

如果使用的是其他日志驱动，则可以使用第三方平台的原生工具查看日志。

以下片段取自 daemon.json，它展示了一个配置为使用 syslog 的 Docker 主机。

```
{
  "log-driver": "syslog"
}
```

可以使用 --log-driver 和 --log-opts 标志配置个别容器或服务以特定的日志
驱动来启动，它们将覆盖在 daemon.json 中设置的任何内容。

容器日志生效的前提是你的应用在容器中作为 PID 1 运行，并将日志发送到
STDOUT，将错误发送到 STDERR。然后，日志驱动将这些"日志"转发到日志驱动配置
指定的位置。

下面是一个在名为"vantage-db"的容器上运行 `docker logs` 命令的示例，该容器配置了使用 `json-file` 日志驱动。

```
$ docker logs vantage-db
1:C 2 Feb 09:53:22.903 # oO0OoO00oO00o Redis is starting oO0OoO00oO00o
1:C 2 Feb 09:53:22.904 # Redis version=4.0.6, bits=64, commit=00000000, modified=0,
pid=1
1:C 2 Feb 09:53:22.904 # Warning: no config file specified, using the default config.
1:M 2 Feb 09:53:22.906 * Running mode=standalone, port=6379.
1:M 2 Feb 09:53:22.906 # WARNING: The TCP backlog setting of 511 cannot be
enforced because...
1:M 2 Feb 09:53:22.906 # Server initialized
1:M 2 Feb 09:53:22.906 # WARNING overcommit_memory is set to 0!
```

你很有可能会在守护进程日志或容器日志中发现报告的网络连接错误。

11.2.6　服务发现

除了核心网络功能之外，libnetwork 还提供了重要的网络服务。

服务发现（service discovery）允许所有容器和 Swarm 服务通过名称相互定位，唯一的要求是它们必须位于同一个网络上。

其底层实现是利用了 Docker 内嵌的 DNS 服务器和每个容器中的 DNS 解析器。图 11.18 展示了容器"c1"通过名称 ping 通容器"c2"。同样的原则也适用于 Swarm 服务。

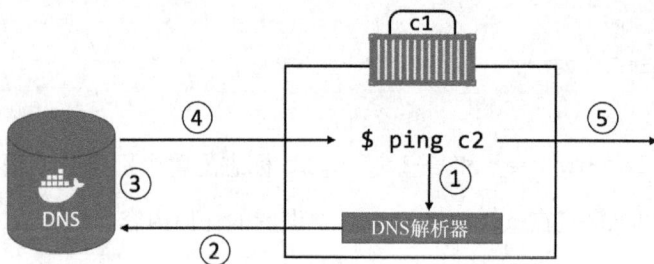

图 11.18　容器"c1"通过名称 ping 通容器"c2"

让我们来逐步分析整个过程。

- 步骤 1：ping c2 命令调用本地 DNS 解析器将名称 "c2" 解析为 IP 地址。所有 Docker 容器中都包含一个本地的 DNS 解析器。

- 步骤 2：如果本地解析器在本地缓存中没有 "c2" 的 IP 地址，它会向 Docker DNS 服务器发起递归查询。其中，本地解析器已经预先配置了如何访问 Docker DNS 服务器。

- 步骤 3：Docker DNS 服务器保存了所有使用 --name 或 --net-alias 标志创建的容器的名称到 IP 的映射，这意味着它知道容器 "c2" 的 IP 地址。

- 步骤 4：DNS 服务器返回 "c2" 的 IP 地址给容器 "c1" 中的本地解析器。这样做是因为两个容器位于同一个网络上，如果它们位于不同网络上，这将不起作用。

- 步骤 5：ping 命令向 "c2" 的 IP 地址发送 ICMP 回显请求报文。

每个以 --name 标志启动的 Swarm 服务和独立容器都会向 Docker DNS 服务注册其名称和 IP 地址，这意味着所有容器和服务副本都可以使用 Docker DNS 服务来互相查找。然而，服务发现是网络范围内的，这意味着名称解析仅适用于同一网络上的容器和服务。如果两个容器位于不同的网络上，那么它们将无法相互解析。

关于服务发现和名称解析还有一点需要说明：可以为 Swarm 服务和独立容器配置自定义的 DNS 选项。例如，--dns 标志可以指定一个自定义的 DNS 服务器列表，以防内嵌的 Docker DNS 服务器无法解析查询，这在查询 Docker 外部的服务名称时比较常见。还可以使用 --dns-search 标志为非限定名称的查询添加自定义搜索域（即当查询不是一个完全限定的 DNS 名称时）。

在 Linux 上，上述工作都是通过向每个容器的 /etc/resolv.conf 中添加条目来实现的。下面的示例将启动一个新的独立容器，并添加臭名昭著的 8.8.8.8 谷歌 DNS 服务器，以及 nigelpoulton.com 作为非限定查询的搜索域。请不要运行此命令，它仅用于向你展示选项的样子。

```
$ docker run -it --name c1 \
  --dns=8.8.8.8 \
  --dns-search=nigelpoulton.com \
  alpine sh
```

11.2.7　入口负载均衡

Swarm 支持两种网络发布模式，使得服务可以在集群之外访问：

- 入口模式（默认）

- 主机模式

通过入口（Ingress）模式发布的服务可以从 Swarm 集群中的任何节点访问，即使是没有运行服务副本的节点。通过主机（Host）模式发布的服务只能通过运行服务副本的节点访问。图 11.19 展示了两种模式之间的区别。

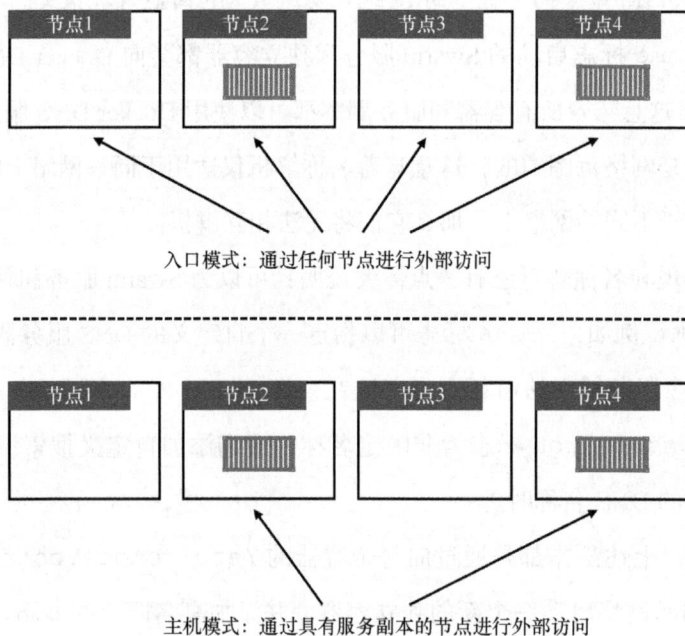

入口模式：通过任何节点进行外部访问

主机模式：通过具有服务副本的节点进行外部访问

图 11.19　入口模式与主机模式的区别

默认为入口模式。这意味着任何时候你使用 -p 或 --publish 发布服务时，它将默认为入口模式。要以主机模式发布服务，你需要使用 --publish 标志的长格式并添加 mode=host。下面的示例使用了主机模式。

```
$ docker service create -d --name svc1 \
  --publish published=5001,target=80,mode=host \
  nginx
```

使用该命令应注意。docker service create 允许使用长格式或短格式语法发布服务。短格式形式如下：-p5001:80，前面已经多次出现。但是，不能使用短格式在主机模式下发布服务。

长格式形式如下：--publish published=5001,target=80,mode=host。它是一个逗号分隔的列表，且每个逗号后面没有空格。其中，选项的作用如下：

- published=5001 使服务通过端口 5001 对外可用
- target=80 确保命中 published 端口的请求被映射回服务副本上的 80 端口
- mode=host 确保只有到达运行服务副本的节点上的请求才能访问到服务

通常使用入口模式。

在底层，入口模式使用了一个称为服务网格（service mesh）或 Swarm 模式服务网格的四层路由网格。图 11.20 展示了入口模式下一个外部请求是如何流转，最终访问到服务的。

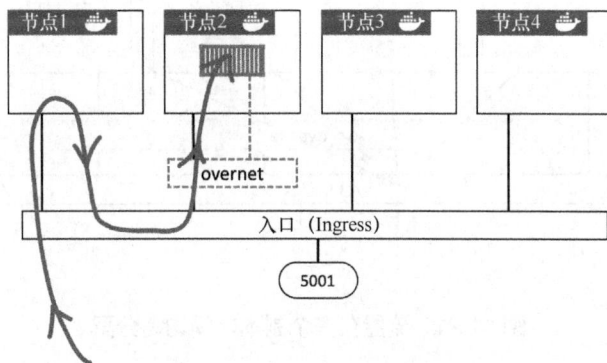

图 11.20　入口模式下访问服务

我们快速浏览一下该流程图。

1. 顶部的命令部署了一个名为"svc1"的新 Swarm 服务，将服务连接到 overnet 网络并发布在 5001 端口上。

2. 按上述方式发布 Swarm 服务（`--publish published=5001,target=80`）将会在入口网络上发布它。由于 Swarm 中的所有节点都连接到了入口网络，这意味着端口在整个 Swarm 中都进行了发布。

3. 集群上实现的逻辑确保通过任何节点到达入口网络上 5001 端口的流量都会被路由到"svc1"副本的 80 端口上。

4. 此时，已部署了"svc1"服务的一个副本。

5. 箭头显示流量击中节点 1 上的发布端口，并通过入口网络被路由到节点 2 上运行的服务副本。

重要的是要知道，传入的请求可以到达 4 个 Swarm 节点中的任何一个，我们都会得到相同的结果。

同样重要的是，如果存在多个副本（见图 11.21），流量将在它们之间均衡分配。

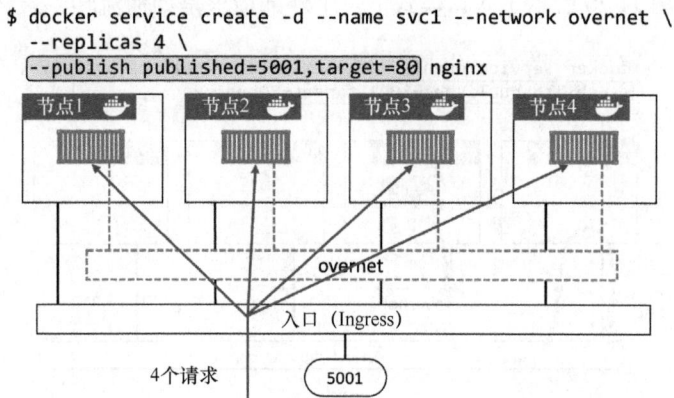

```
$ docker service create -d --name svc1 --network overnet \
  --replicas 4 \
  --publish published=5001,target=80 nginx
```

图 11.21　流量在多个副本之间均衡分配

11.3　Docker 网络——命令

Docker 网络具有自己的 `docker network` 子命令。主要命令包括：

- `docker network ls`：列出运行在本地 Docker 主机上的所有网络。
- `docker network create`：创建新的 Docker 网络。默认情况下，在 Windows 上使用 `nat` 驱动，而在 Linux 上则使用 `bridge` 驱动。不过，可以使用 `-d` 标志指定驱动（网络类型）。`docker network create -d overlay overnet` 将使用 Docker 原生的 `overlay` 驱动创建一个名为 overnet 的新覆盖网络。
- `docker network inspect`：提供 Docker 网络的详细配置信息，与 `docker inspect` 相同。
- `docker network prune`：删除 Docker 主机上所有未使用的网络。
- `docker network rm`：删除 Docker 主机上的特定网络。

11.4　本章小结

容器网络模型（CNM）是 Docker 网络的设计文档，定义了用于构建 Docker 网络的 3 种主要结构：沙盒、端点和网络。

`libnetwork` 是 CNM 的参考实现。它是一个存在于 Moby 项目中的开源项目，并被 Docker 使用，也是 Docker 所有核心网络代码所在之处。此外，它还提供了网络控制平面和管理平面服务。

驱动通过实现特定的网络类型（比如桥接网络和覆盖网络）来扩展 `libnetwork`。Docker 提供了内置的驱动，但也可以使用第三方驱动。

单主机桥接网络是基本的 Docker 网络类型，适合本地开发和非常小型的应用。它们不具备扩展性，并且如果需要在网络外部发布服务，则需要端口映射。

覆盖网络非常流行，并且是优秀的仅限容器的多主机网络。我们将在下一章深入讨论它们。

macvlan 驱动允许将容器连接到现有的物理网络和 VLAN。它们通过赋予容器自己的 MAC 和 IP 地址，使容器成为网络中的"一等公民"。不幸的是，它们需要主机网卡上的混杂模式，这意味着它们无法在公有云中工作。

Docker 还使用 libnetwork 实现服务发现，以及用于基于容器的入口流量负载均衡的入口路由网格。

第12章 Docker 覆盖网络

覆盖网络（overlay network）是大多数云原生微服务应用的核心。本章中，我们将帮助你快速掌握 Docker 中的覆盖网络技术。

Windows 上的 Docker 覆盖网络具有与 Linux 上相同的功能，这意味着本章中使用的示例在 Linux 和 Windows 上都可以工作。

按照惯例，本章分为 3 部分：

- 简介
- 详解
- 命令

接下来，一起开启网络魔法之旅吧！

12.1　Docker 覆盖网络——简介

在现实世界中，容器能够可靠、安全地通信至关重要，即使它们位于不同网络的不同主机上。这就是覆盖网络发挥作用的地方，它创建了一个扁平的、安全的、跨多个主机的二层网络。不同主机上的容器可以连接到相同的覆盖网络并直接通信。

Docker 提供了原生的覆盖网络，默认配置简单且安全。

在底层，它建立在 libnetwork 和原生 overlay 驱动之上。其中，libnetwork 是容器网络模型的标准实现，而 overlay 驱动实现了所有的网络机制。

12.2　Docker 覆盖网络——详解

2015 年 3 月，Docker 公司收购了一家名为 Socket Plane 的容器网络初创公司。本次收购背后的原因有两个：一是为 Docker 带来真正的网络，二是让容器网络变得足够简单，甚至开发人员都可以做到。

他们在这两个方面都取得了巨大的成功，覆盖网络在 2024 年以及可预见的未来仍将是容器网络的核心。

然而，在一些简单的网络命令背后实际上隐藏着大量的组件，这是你在进行生产部署和尝试解决问题之前需要了解的东西。

本节剩余部分将分为两个部分：

* 创建和测试 Docker 覆盖网络
* 解释覆盖网络

12.2.1　创建和测试 Docker 覆盖网络

下面的示例将使用配置为 Swarm 的两个 Docker 节点，它们位于由路由器连接的两个独立网络上。

如果你正在进行跟随操作，那么节点是否位于由路由器连接的独立网络上并不重要。唯一的要求是两个节点都运行 Docker，具有网络连接，并可以配置到一个 Swarm 中。这意味着你可以在 Play with Docker 上进行跟随操作，也可以在本地机器上使用几个 Multipass 虚拟机，或者在公有云上进行。

虽然可以在 Docker Desktop 上进行跟随操作，但你将无法获得完整的体验，因为只能访问单个节点。

初始配置如图 12.1 所示。如果你的节点位于同一网络上，那么一切都将正常工作，这仅仅意味着你的底层（underlay）网络比较简单。我们稍后将解释底层网络。

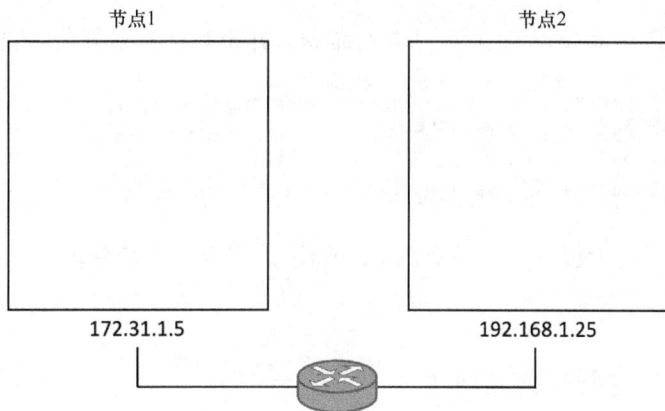

图 12.1　初始配置

12.2.1.1　创建 Swarm

首先要做的是将这两个节点配置成一个 Swarm，这是因为 Swarm 模式是 Docker 覆盖网络的先决条件。

我们将在节点 1 上运行 `docker swarm init` 命令使其成为管理节点，然后在节点 2 上运行 `docker swarm join` 命令使其成为工作节点。这不是生产级别的设置，但对于实验环境来说已经足够。鼓励你测试更多的管理节点和工作节点，并扩展示例规模。

如果你是在自己的实验环境中进行操作，则需要将 IP 地址和名称替换为你环境中的正确值。此外，还需要确保两个节点之间的以下端口没有被阻塞：

- 2377/tcp 用于管理平面通信
- 7946/tcp 和 7946/udp 用于控制平面通信（基于 SWIM 的 gossip 协议）
- 4789/udp 用于 VXLAN 数据平面

在节点 1 上运行以下命令。

```
$ docker swarm init \
  --advertise-addr=172.31.1.5 \
  --listen-addr=172.31.1.5:2377

Swarm initialized: current node (1ex3...o3px) is now a manager.
```

复制输出中的 docker swarm join 命令，并将其粘贴到节点 2 的终端中。

```
$ docker swarm join \
  --token SWMTKN-1-0hz2ec...2vye \
  172.31.1.5:2377
This node joined a swarm as a worker.
```

现在我们有了一个包含两个节点的 Swarm，其中节点 1 是管理节点，节点 2 是工作节点。

12.2.1.2 创建新的覆盖网络

接下来，我们创建一个名为 uber-net 的新覆盖网络。

在节点 1（管理节点）上运行以下命令。

```
$ docker network create -d overlay uber-net
c740ydi1lm89khn5kd52skrd9
```

搞定！刚刚创建了一个全新的覆盖网络，该网络对 Swarm 中的所有主机都可用，并且其控制平面使用了 TLS 加密。如果要加密数据平面，只须在命令中添加 -o encrypted 标志。然而，由于性能开销，默认情况下不启用数据平面加密。在生产环境中，启用数据平面加密之前，请确保对性能进行测试。

如果你对诸如控制平面和数据平面等术语不太理解，那么可以认为控制平面流量是集群管理流量，而数据平面流量是应用流量。默认情况下，Docker 覆盖网络会加密集群管理流量，但不加密应用流量。如果需要，则必须明确启用应用流量加密。

可以使用 docker network ls 命令列出每个节点上的所有网络。

```
$ docker network ls
NETWORK ID        NAME             DRIVER    SCOPE
ddac4ff813b7      bridge           bridge    local
389a7e7e8607      docker_gwbridge  bridge    local
a09f7e6b2ac6      host             host      local
ehw16ycy980s      ingress          overlay   swarm
2b26c11d3469      none             null      local
c740ydi11m89      uber-net         overlay   swarm
```

新创建的网络位于列表的底部，名称为 uber-net。而其他网络则是在 Docker 安装和 Swarm 初始化时自动创建。

如果在节点 2 上运行 docker network ls 命令，就会注意到它没有显示 uber-net 网络，这是因为新的覆盖网络只有在工作节点被分配运行网络上的容器时才会扩展到工作节点。这种扩展覆盖网络的惰性方法通过减少网络 gossip 的数量来提高可伸缩性。

12.2.1.3　将服务连接到覆盖网络

既然已经有了一个覆盖网络，那么我们给它连接一个新的 Docker 服务。该示例将创建具有两个副本的服务，以便一个在节点 1 上运行，另一个在节点 2 上运行。这将自动将覆盖网络 uber-net 扩展到节点 2。

在节点 1 上运行以下命令。

```
$ docker service create --name test \
  --network uber-net \
  --replicas 2 \
  ubuntu sleep infinity
```

该命令创建了一个名为 test 的新服务，并将两个副本都连接到 uber-net 网络。由于我们在一个包含两个节点的 Swarm 上运行两个副本，所以每个节点会分配一个副本。

使用 `docker service ps` 命令验证操作。

```
$ docker service ps test
ID          NAME     IMAGE NODE   DESIRED STATE  CURRENT STATE
77q...rkx   test.1   ubuntu node1  Running        Running
97v...pa5   test.2   ubuntu node2  Running        Running
```

在节点 2 上运行 `docker network ls` 以验证它现在可以看到网络。

不属于 Swarm 服务的独立容器不能连接到覆盖网络，除非创建网络时使用了 `attachable=true` 属性。下面的命令可以用来创建独立容器可以连接的可附加覆盖网络。

```
$ docker network create -d overlay --attachable uber-net
```

祝贺你！你已经在两个由物理网络连接的节点上创建了一个新的覆盖网络。多么简单！

12.2.1.4　测试覆盖网络

接下来，我们使用 `ping` 命令测试覆盖网络。

如图 12.2 所示，我们有两个位于不同网络上的 Docker 主机，以及一个跨越这两个网络的覆盖网络，且每个节点上都存在一个容器连接到覆盖网络。让我们看看这两个容器是否可以互相 ping 通。

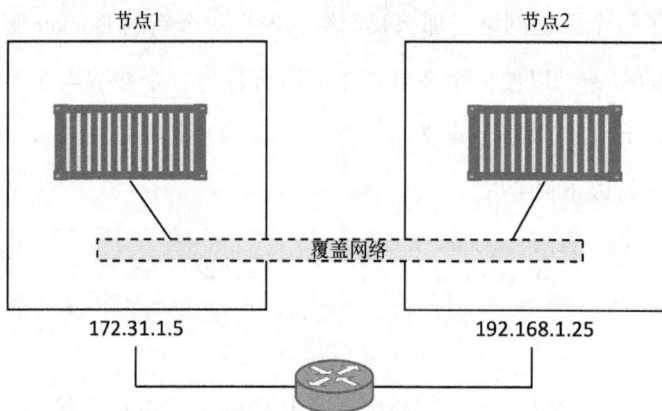

图 12.2　节点上的容器接入覆盖网络

可以通过 ping 远程容器的名称来进行测试。不过，本例将使用 IP 地址，因为这给了我们一个学习如何查找容器 IP 地址的机会。

运行 docker inspect 查看分配给覆盖网络的子网，以及分配给两个测试服务副本的 IP 地址。

```
$ docker inspect uber-net
[
    {
        "Name": "uber-net",
        "Id": "c740ydi1lm89khn5kd52skrd9",
        "Scope": "swarm",
        "Driver": "overlay",
        "EnableIPv6": false,
        "IPAM": {
            "Driver": "default",
            "Options": null,
            "Config": [
                {
                    "Subnet": "10.0.0.0/24", <<---- Subnet info
                    "Gateway": "10.0.0.1" <<---- Subnet info
                }
        "Containers": {
                "Name": "test.1.mfd1kn0qzgosu2f6bhfk5jc2p", <<---- Container name
                "IPv4Address": "10.0.0.3/24",                <<---- Container IP
                <Snip>
            },
                "Name": "test.2.m49f4psxp3daix1wfvy73v4j8", <<---- Container name

                "IPv4Address": "10.0.0.4/24",               <<---- Container IP
            },
<Snip>
```

为了提高可读性，输出进行了大量截断，但可以看到它显示了 uber-net 的子网是 10.0.0.0/24，这与图 12.2 所示的两个底层物理网络 IP（172.31.1.0/24 和 192.168.1.0/24）都不匹配。另外，还可以看到分配给两个容器的 IP 地址。

在两个节点上运行以下两条命令。第一条命令获取容器 ID，第二条命令获取容器的 IP 地址。请确保在第二条命令中使用你自己实验环境中的容器 ID。

```
$ docker ps
CONTAINER ID  IMAGE          COMMAND         CREATED       STATUS     NAME
396c8b142a85  ubuntu:latest  "sleep infinity"  2 hours ago  Up 2 hrs  test.1.mfd...

$ docker inspect \
  --format='{{range .NetworkSettings.Networks}}{{.IPAddress}}{{end}}' 396c8b142a85
10.0.0.3
```

查看 docker inspect 命令的输出与名称和 IP 的匹配情况。

图 12.3 展示了目前的配置。其中，在你的实验环境中子网和 IP 地址可能有所不同。

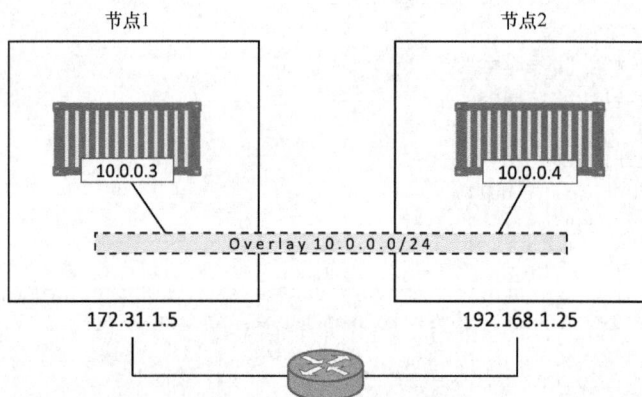

图 12.3　当前配置

由图可知，存在一个跨越两个节点的二层覆盖网络，且每个容器在该网络上都有一个 IP 地址。这意味着节点 1 上的容器将能够使用节点 2 上的容器的 IP 地址 10.0.0.4 来 ping 通该容器。尽管这两个节点处于两个不同的二层底层网络中，也能够正常 ping 通。

让我们来验证一下。

登录到节点 1 上的容器并 ping 远程容器。要完成该任务，需要在容器中安装 ping 工具。请记住，你的环境中的容器 ID 将有所不同。

```
$ docker exec -it 396c8b142a85 bash

# apt-get update && apt-get install iputils-ping -y
<Snip>
Reading package lists... Done
```

```
Building dependency tree
Reading state information... Done
<Snip>
Setting up iputils-ping (3:20190709-3) ...
Processing triggers for libc-bin (2.31-0ubuntu9) ...

# ping 10.0.0.4
PING 10.0.0.4 (10.0.0.4) 56(84) bytes of data.
64 bytes from 10.0.0.4: icmp_seq=1 ttl=64 time=1.06 ms
64 bytes from 10.0.0.4: icmp_seq=2 ttl=64 time=1.07 ms
64 bytes from 10.0.0.4: icmp_seq=3 ttl=64 time=1.03 ms
64 bytes from 10.0.0.4: icmp_seq=4 ttl=64 time=1.26 ms
^C
```

祝贺你！节点 1 上的容器可以通过覆盖网络 ping 通节点 2 上的容器。如果在创建网络时使用了 -o encrypted 标志，那么数据交换将被加密。

还可以在容器内追踪 ping 命令的路由。这将报告一个单跳，证明容器是直接通过覆盖网络进行通信的——完全不关心经过的任何底层网络。

为了进行该操作，需要在容器中安装 traceroute。

```
# apt install inetutils-traceroute
<Snip>

# traceroute 10.0.0.4
traceroute to 10.0.0.4 (10.0.0.4), 30 hops max, 60 byte packets
1   test-svc.2.97v...a5.uber-net (10.0.0.4) 1.110ms 1.034ms 1.073ms
```

到目前为止，我们已经用单条命令创建了一个覆盖网络，并向该网络中添加了两个容器，这些容器被调度到两台主机上，而后者处于两个不同的二层底层网络。我们定位到了容器的 IP 地址，并证明它们可以通过覆盖网络直接通信。

现在我们已经看到了创建和使用一个安全的覆盖网络是多么容易，接下来让我们了解一下背后的实现细节。

12.2.2　覆盖网络工作原理

首先，Docker 覆盖网络使用 VXLAN 来创建虚拟的二层覆盖网络。因此，在继续之前，我们先快速了解一下 VXLAN。

12.2.2.1　VXLAN 入门

VXLAN 允许你在现有的三层基础设施之上创建二层网络。这意味着你可以创建能够隐藏底层复杂网络拓扑的简单网络。我们之前使用的例子创建了一个新的 10.0.0.0/24 二层网络，它位于由路由器连接的两个二层网络组成的三层 IP 网络之上，如图 12.4 所示。

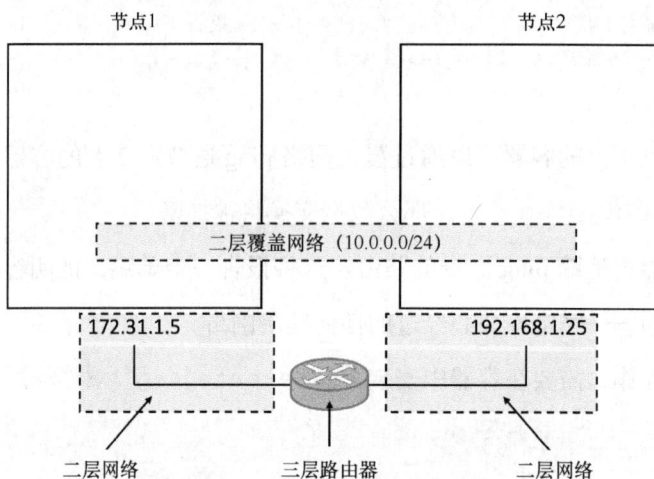

图 12.4　VXLAN 使用示例

VXLAN 的美妙之处在于它是一种封装技术，这意味着现有的路由器和网络基础设施只将其视为常规的 IP/UDP 数据包，无需任何更改即可应用。

要创建覆盖网络，需要通过底层网络创建一个 VXLAN 隧道，隧道允许流量自由传输，而不必与复杂的底层网络交互。我们使用"底层网络"或"底层基础设施"这些术语来指代覆盖网络必须穿过的网络。

VXLAN 隧道的每一端都由一个 VXLAN 隧道端点（VXLAN Tunnel Endpoint, VTEP）终止，正是这个 VTEP 对进出隧道的流量进行封装和解封装，如图 12.5 所示。

图 12.5 将三层基础设施展示为云，原因有两个：

- 它可能比前面图中显示的两个网络和一个路由器复杂得多

- VXLAN 隧道抽象了复杂性，并使其变得不可见

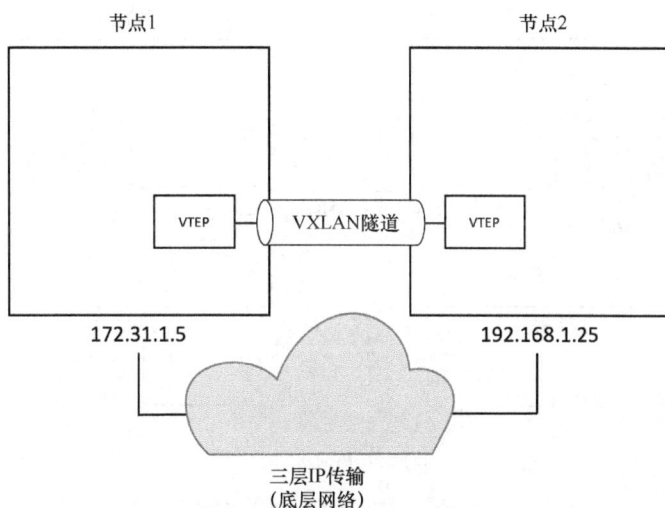

图 12.5　VXLAN 隧道

12.2.2.2　分析两个容器的示例

在前面的示例中，两台主机通过 IP 网络连接。每个主机运行一个单独的容器，并且为这些容器创建了一个覆盖网络。然而，幕后发生了许多事情才使这成为可能……

在每台主机上创建一个新的沙盒（网络命名空间）。

在沙盒中创建了一个名为 Br0 的虚拟交换机。另外，还创建了一个 VTEP，其中一端连接到 Br0 虚拟交换机，另一端连接到主机的网络栈。其中，主机网络栈中的这一端获得主机所连接的底层网络上的一个 IP 地址，并绑定到端口 4789 上的 UDP 套接字。每个主机上的两个 VTEP 通过 VXLAN 隧道创建覆盖网络，如图 12.6 所示。

此时，VXLAN 覆盖网络已经创建好并准备就绪。

然后，每个容器获取到自己的虚拟以太网（veth）适配器，该适配器也连接到本地的虚拟交换机 Br0，最终的拓扑结构如图 12.7 所示，虽然有点复杂，但应该更容易理解

两个容器是如何通过 VXLAN 覆盖网络进行通信的，尽管它们的主机位于两个独立的网络上。

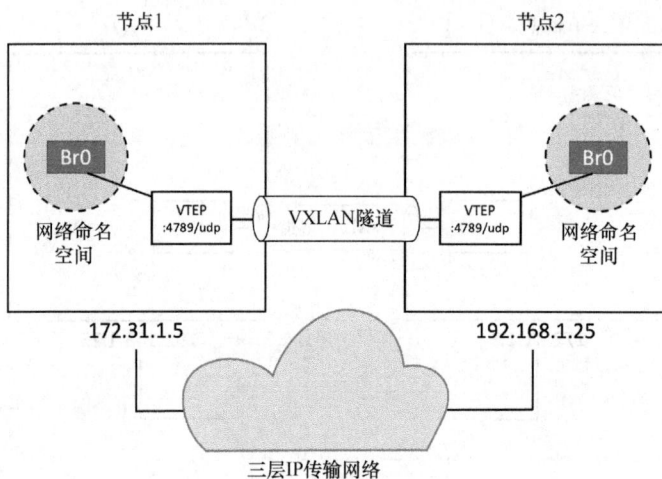

图 12.6　VXLAN 覆盖网络

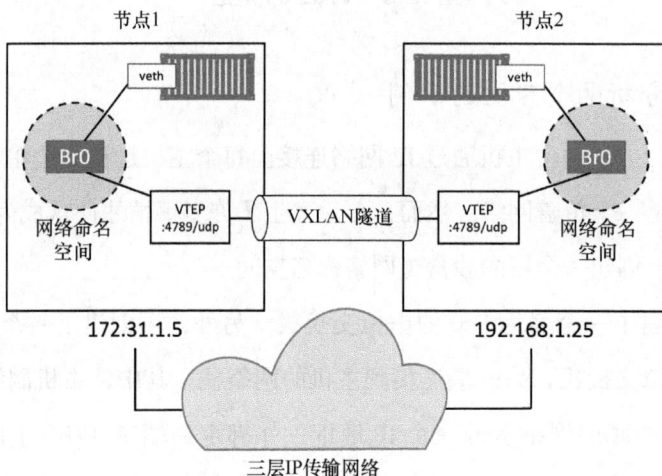

图 12.7　最终的拓扑结构

12.2.2.3　通信示例

现在我们已经了解了基本原理，让我们看看这两个容器是如何通信的。

警告！本节内容技术性较强。然而，对于日常操作来说，你不需要理解所有内容。

在这个例子中，我们将节点 1 上的容器称为 "C1"，节点 2 上的容器称为 "C2"。假设 C1 想要像之前的示例中那样 ping C2。图 12.8 中显示了容器及其 IP 地址。

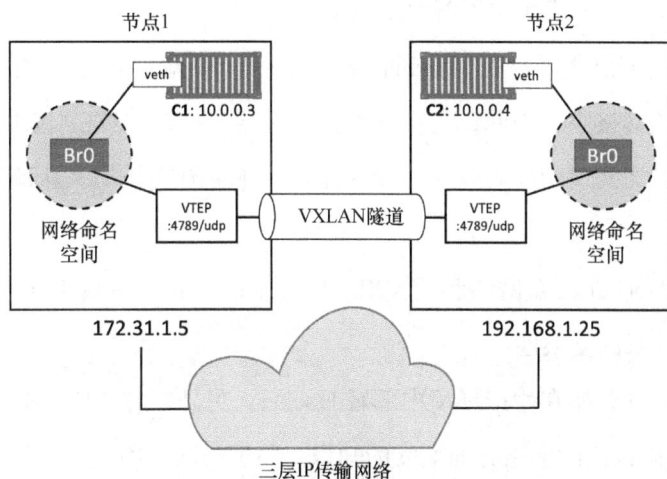

图 12.8　容器通信示例拓扑图

C1 创建了 ping 请求，并将目标 IP 地址设置为 C2 的 10.0.0.4 地址。

由于 C1 的本地 MAC 地址表（ARP 缓存）中没有 C2 的记录，因此它会将数据包泛洪到所有接口。由于 VTEP 接口连接了 Br0，而 Br0 知道如何转发帧，因此它会用自己的 MAC 地址进行响应。这是一个代理 ARP 响应，这使 VTEP 学会如何转发数据包和更新其 MAC 表，以便未来所有发送到 C2 的数据包将直接传输到本地 VTEP。Br0 交换机之所以知道 C2，是因为所有新启动的容器都使用网络内置的 gossip 协议将其网络细节传播到 Swarm 中的其他节点。

ping 请求被发送到 VTEP 接口，该接口执行所需的封装，以便通过底层网络进行隧道传输。在相当高的层次上，这种封装为单个以太网帧添加了一个 VXLAN 头，后者包含了 VXLAN 网络 ID（VNID），该 ID 用于将帧从 VLAN 映射到 VXLAN。每个 VLAN 都会映射到 VNID，这样数据包就可以在接收端解封装并转发到正确的 VLAN，从而保持网络隔离。

封装还将帧封装在一个 UDP 包中，并在 IP 字段 destination 中添加节点 2 上的远程 VTEP 的 IP 地址，还添加了 UDP 端口 4789 套接字信息。这种封装使得数据包可以通过底层网络传输，而底层网络无须了解 VXLAN。

当数据包到达节点 2 时，内核看到它被寻址到 UDP 端口 4789。内核还知道它有一个 VTEP 绑定到该套接字。因此，它将数据包发送给 VTEP，VTEP 读取 VNID，解封装数据包，并将其发送到 VNID 对应的 VLAN 上的本地 Br0 交换机。从那里，数据包被传送到容器 C2。

这就是原生 Docker 覆盖网络利用 VXLAN 技术的方式——只用几条 Docker 命令就简化了大量令人惊叹的复杂性。

希望这足以让你开始在生产环境中部署 Docker。另外，它还应该为你提供与网络团队讨论 Docker 基础设施的网络方面所需的知识。关于与网络团队交谈的话题，建议你不要带着现在已经知道关于 VXLAN 的所有事情的想法去接近他们。如果这样做，可能会让自己难堪，这是我的经验之谈。

最后一件事。Docker 还支持覆盖网络中的三层路由。例如，可以创建一个具有两个子网的覆盖网络，Docker 将负责它们之间的路由。创建这种网络的命令可以是 `docker network create --subnet=10.1.1.0/24 --subnet=11.1.1.0/24 -d overlay prod-net`。这将在沙盒中创建两个虚拟交换机 Br0 和 Br1，且将自动进行路由。

12.3　Docker 覆盖网络——命令

- `docker network create` 是用于创建新的容器网络的命令。`-d` 标志指定要使用的驱动，最常见的驱动是 `overlay`。不过，也可以从第三方安装和使用驱动。对于覆盖网络，控制平面默认是加密的，可以通过添加 `-o encrypted` 标志来加密数据平面，但可能会产生性能开销。

- docker network ls 列出了 Docker 主机可见的所有容器网络。在 Swarm 模式下运行的 Docker 主机只有在运行连接到这些网络的容器时才能看到覆盖网络，这样可以将网络相关的 gossip 降到最低。
- docker network inspect 展示特定容器网络的详细信息，包括范围、驱动、IPv4 和 IPv6 信息、子网配置、连接容器的 IP 地址、VXLAN 网络 ID 和加密状态。
- docker network rm 删除网络。

12.4 本章小结

在本章中，我们看到使用 docker network create 命令创建新的 Docker 覆盖网络有多么容易。然后，我们学习了 Docker 是如何使用 VXLAN 技术来实现网络间的连接的。

第13章 卷和持久化数据

在云原生和微服务应用的世界里，持久化数据的有状态应用越来越重要。因此，本章中我们将把注意力转向研究 Docker 如何处理写入持久化数据的应用。

按照惯例，本章将分为 3 部分：

- 简介
- 详解
- 命令

13.1 卷和持久化数据——简介

数据主要分为两类：持久化数据和非持久化数据。

持久化数据是指需要保存的数据，比如客户记录、财务数据、研究结果、审计日志，甚至某些类型的应用日志数据。非持久化数据是指不需要保存的数据。

这两种数据都很重要，Docker 为两者都提供了解决方案。

为了处理非持久化数据，每个 Docker 容器都有自己的非持久化存储，后者是为每个容器自动创建的，并且与容器的生命周期紧密耦合。因此，删除容器也将删除存储及其中的所有数据。

为了处理持久化数据，容器需要将其存储在卷中。卷是独立的对象，其生命周期与容器解耦。这意味着你可以独立地创建和管理卷，且在删除容器时不会删除卷。

以上就是简介部分。接下来，我们对其进行深入学习。

13.2　卷和持久化数据——详解

有些人仍然认为容器不适合需要持久化数据的有状态应用。几年前确实如此，但现在情况已经发生了变化，容器现在是需要创建持久化数据的应用的绝佳选择。

我们将探讨容器处理持久化和非持久化数据的一些方式，你将看到与虚拟机的许多相似之处。

我们将从非持久化数据开始。

13.2.1　容器和非持久化数据

容器旨在保持不可变性。这意味着它们是只读的——容器部署后不更改其配置是一种最佳实践。如果出现问题或需要更改某些内容，应该创建一个全新的容器，其中包含修复或更新，并用这个新容器替换旧容器。绝对不应该登录到一个运行中的容器并进行配置更改。

然而，许多应用需要可读写文件系统才能运行——它们甚至无法在只读文件系统上运行，这意味着不能简单地将容器设置为完全只读。为了解决这个问题，Docker 创建的容器在其基于的只读镜像之上有一个薄的读写层。图 13.1 展示了两个运行中的容器共享一个只读镜像的情况。

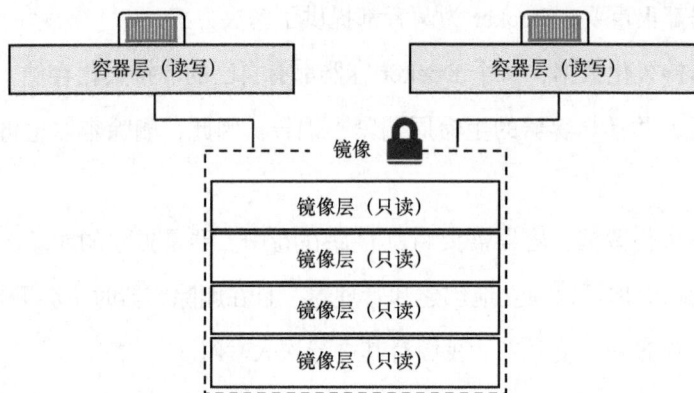

图 13.1　临时容器存储

　　每个可写容器层都存在于 Docker 主机的文件系统中，你可能会听到它有各种各样的名字，包括本地存储、临时存储和 Graphdriver 存储，通常位于 Docker 主机的以下位置：

- Linux Docker 主机：`/var/lib/docker/<storage-driver>/…`
- Windows Docker 主机：`C:\ProgramData\Docker\windowsfilter\…`

　　这个薄薄的可写层是许多容器不可或缺的一部分，它支持所有的读写操作。如果你或应用更新文件或添加新文件，它们将被写入该层。然而，它与容器的生命周期紧密耦合——当容器被创建时它也被创建，当容器被删除时它也被删除。它随容器一起被删除的事实意味着它不适合用来存储需要保留（持久化）的重要数据。

　　如果你的容器不产生持久化数据，那么这个薄薄的本地存储可写层就已足够。但是，如果容器需要持久化数据，则需要阅读下一节。

13.2.2　容器和持久化数据

　　卷是持久化容器数据的推荐方式。主要有 3 个原因：

- 卷是独立的对象，不与容器的生命周期绑定
- 卷可以映射到专门的外部存储系统
- 卷允许不同 Docker 主机上的多个容器访问和共享相同的数据

总体来说，首先创建一个卷，然后创建一个容器并将卷挂载到其中。卷被挂载到容器文件系统中的某个目录中，写入该目录的任何内容都会存储在卷中。如果删除容器，那么卷及其数据仍然存在。

图 13.2 展示了一个 Docker 卷，它作为一个独立的对象存在于容器之外。它挂载在容器的文件系统 /data 目录，写入 /data 目录的任何数据都将存储在卷上，并且在容器删除后仍然存在。

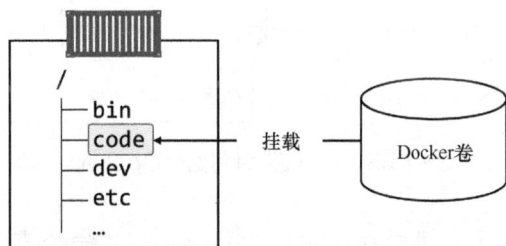

图 13.2　卷和容器的宏观视图

在图 13.2 中，/data 目录是一个 Docker 卷，它既可以映射到外部存储系统，也可以映射到 Docker 主机上的目录。无论哪种方式，它的生命周期都与容器解耦了。容器内的所有其他目录都使用 Docker 主机上的本地存储区域中的可写入的薄容器层。

13.2.2.1　创建和管理 Docker 卷

卷是 Docker 中的一级对象。这意味着它们在 API 中是独立的对象，并且拥有自己的 `docker volume` 子命令。

使用以下命令创建一个名为 `myvol` 的新卷。

```
$ docker volume create myvol
myvol
```

默认情况下，Docker 使用内置的 `local` 驱动创建新卷。顾名思义，使用 `local` 驱动创建的卷只能供与卷位于同一节点上的容器使用。另外，可以使用 `-d` 标志指定不同的驱动。

第三方卷驱动以插件的形式提供。这些插件为 Docker 提供了高级功能和无缝接入外部存储系统的能力，比如云存储服务和本地存储系统，包括 SAN 和 NAS，如图 13.3 所示。我们将在后面的部分展示一个使用第三方驱动的例子。

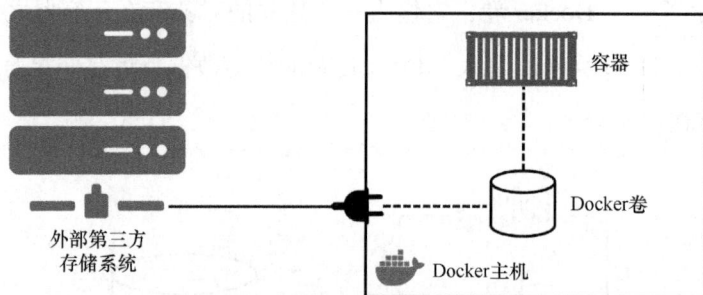

图 13.3　将外部存储接入 Docker

卷创建好之后，就可以使用 docker volume ls 命令查看它，并使用 docker volume inspect 命令检查它。

```
$ docker volume ls
DRIVER              VOLUME NAME
local               myvol

$ docker volume inspect myvol
[
    {
        "CreatedAt": "2023-05-23T10:00:18+01:00",
        "Driver": "local",
        "Labels": null,
        "Mountpoint": "/var/lib/docker/volumes/myvol/_data",
        "Name": "myvol",
        "Options": null,
        "Scope": "local"
    }
]
```

注意 Driver 和 Scope 都是 local。这意味着卷是使用 local 驱动创建的，并且仅对这台 Docker 主机上的容器可用。Mountpoint 属性告诉我们卷在 Docker 主机文件系统中的位置。

使用 local 驱动创建的所有卷在 Linux 上位于 /var/lib/docker/volumes 目录下在 Windows 上位于 C:\ProgramData\docker\volumes 目录下。这意味着你可以在 Docker 主机的文件系统中看到它们，甚至可以直接从 Docker 主机访问它们，不过不推荐这样做。在第 9 章中展示了这样的一个示例——我们直接将文件复制到 Docker 主机上的卷目录中，文件立即出现在容器内的卷中。

现在已经创建好了卷，那么它就可以供一个或多个容器使用了。稍后我们会看到使用示例。

有两种方式可以删除 Docker 卷：

- docker volume prune
- docker volume rm

docker volume prune 将删除所有未挂载到容器或服务副本的卷，所以请谨慎使用！而 docker volume rm 允许你确切指定要删除的卷。这两条命令都不能删除容器或服务副本正在使用的卷。

由于 myvol 卷没有在使用，所以可以使用 prune 命令将其删除。

```
$ docker volume prune

WARNING! This will remove all volumes not used by at least one container.
Are you sure you want to continue? [y/N] y

Deleted Volumes:
myvol
Total reclaimed space: 0B
```

恭喜，你已经创建、检查和删除了一个 Docker 卷，而这一切都无须与容器交互，这证明了卷的独立性。

至此，你已经了解了创建、列举、检查和删除 Docker 卷的所有命令。此外，也可以使用 VOLUME 指令通过 Dockerfile 来部署卷，其格式是 VOLUME <容器挂载点>。有趣的是，在 Dockerfile 中定义卷时，不能指定主机上的目录。这是因为主机目录会根据 Docker 主机运行的操作系统而有所不同——如果指定了一个在 Docker 主机上不存在的目录，可能会导致构建失败。因此，在 Dockerfile 中定义卷需要在部署时指定主机目录。

13.2.2.2　演示容器和服务中的卷

接下来，让我们看一下如何在容器和服务中使用卷。

使用以下命令创建一个新的独立容器，并挂载一个名为 bizvol 的卷。

```
$ docker run -it --name voltainer \
  --mount source=bizvol,target=/vol \
  alpine
```

该命令使用 --mount 标志将一个名为 bizvol 的卷挂载到容器中的 /vol 路径。尽管系统中没有名为 bizvol 的卷，命令仍然成功完成。这就引出了一个有趣的点：

- 如果指定一个已存在的卷，那么 Docker 将使用这个已存在的卷
- 如果指定一个不存在的卷，那么 Docker 会创建该卷

在本例中，bizvol 不存在，因此 Docker 创建了它并将其挂载到新容器中。这意味着可以使用 docker volume ls 查看它。

```
$ docker volume ls
DRIVER              VOLUME NAME
local               bizvol
```

虽然容器和卷具有独立的生命周期，但不能删除容器正在使用的卷。尝试一下。

```
$ docker volume rm bizvol
Error response from daemon: remove bizvol: volume is in use - [b44d3f82...dd2029ca]
```

这个卷是全新的，所以没有任何数据。让我们连接到容器并向其中写入一些数据。

```
$ docker exec -it voltainer sh

/# echo "I promise to leave a review of the book on Amazon" > /vol/file1

/# ls -l /vol
total 4
-rw-r--r-- 1 root root 50 May 23 08:49 file1

/# cat /vol/file1
I promise to leave a review of the book on Amazon
```

输入 exit 返回 Docker 主机的 shell，然后使用以下命令删除容器。

```
$ docker rm voltainer -f
voltainer
```

即使容器被删除了，卷仍然存在：

```
$ docker ps -a
CONTAINER ID    IMAGE    COMMAND    CREATED    STATUS

$ docker volume ls
DRIVER                  VOLUME NAME
local                   bizvol
```

由于卷仍然存在，那么可以查看它在主机上的挂载点，以检查数据是否仍然存在。

在 Docker 主机的终端运行以下命令。第一个命令将显示文件仍然存在，第二个命令将显示文件的内容。可能需要在命令前加上 sudo 来获取必要权限。

如果在 Windows 上执行，请务必使用 C:\ProgramData\Docker\volumes\bizvol_data 目录。此外，由于 Docker Desktop 是在虚拟机中运行整个 Docker 环境，因此这一步在 Docker Desktop 上不起作用。

```
$ ls -l /var/lib/docker/volumes/bizvol/_data/
total 4
-rw-r--r-- 1 root root 50 Jan 12 14:25 file1

$ cat /var/lib/docker/volumes/bizvol/_data/file1
I promise to leave a review of the book on Amazon
```

很好，卷和数据仍然存在。

甚至可以将 bizvol 卷挂载到新的服务或容器中。下面的命令创建一个新容器，并将 bizvol 挂载到容器内的 /vol 目录。

```
$ docker run -it \
  --name hellcat \
  --mount source=bizvol,target=/vol \
  alpine sh
```

你的终端现在已经连接到容器 hellcat。

```
# cat /vol/file1
I promise to write a review of the book on Amazon
```

非常棒，卷保存了原始数据，并将其提供给一个新容器。

13.2.3 集群节点间共享存储

通过将外部存储系统与 Docker 集成，可以实现在集群节点之间共享卷。这些外部系统可以是云存储服务或本地数据中心的企业存储系统。例如，一个存储 LUN 或 NFS 共享可以提供给多个 Docker 主机，从而允许容器和服务副本使用它，而不论它们运行在哪个 Docker 主机上。图 13.4 展示了一个外部共享卷被两个 Docker 节点共享的场景。然后，这些 Docker 节点可以将共享卷提供给任一或两个的容器使用。

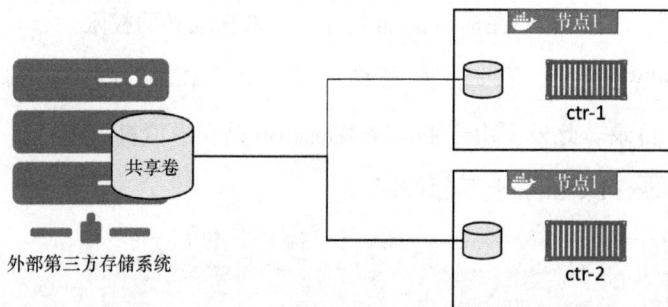

图 13.4 不同容器共享一个外部卷

创建这样的设置需要很多东西。需要访问专门的存储系统，并了解它的工作原理以及如何呈现存储。还需要知道应用如何读取和写入共享存储的数据。最后，需要一个与外部存储系统兼容的卷驱动插件。

卷驱动作为插件提供，后者作为容器运行，而查找它们最好的地方就是 Docker Hub。只须打开浏览器访问 hub.docker.com，然后在 Plugins 视图中筛选即可。一旦为存储系统找到合适的插件，就可以使用 `docker plugin install` 命令进行安装。

图 13.5 展示了 Docker Hub 上的 NetApp Trident 插件。注意 `docker plugin install` 命令。

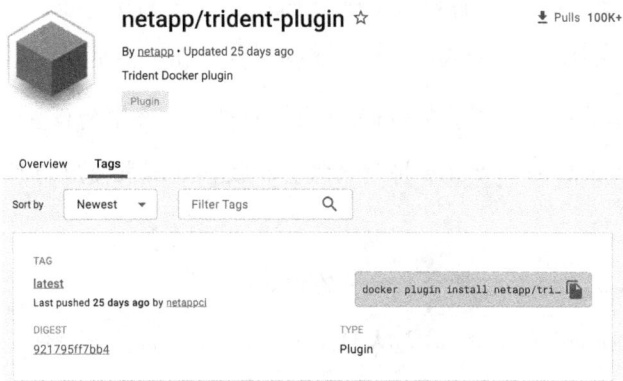

图 13.5　Docker Hub 上的 NetApp Trident 插件

在多个容器之间共享一个卷的配置中，主要的担忧点就是数据损坏。

基于图 13.4，假设下面的场景。

假设节点 1 上的容器 ctr-1 中运行的应用更新了共享卷中的一些数据。但是，它并没有直接将更新写入卷，而是将其保存在本地缓冲区中以加快后续访问速度（这在许多操作系统中很常见）。此时，ctr-1 中的应用认为数据已经写入卷。然而，在节点 1 上的 ctr-1 刷新缓冲区并将数据提交到卷之前，节点 2 上的 ctr-2 中的应用将相同的数据更新为不同的值，并直接将其提交到卷。此时，两个应用都认为它们已经更新了卷中的数据，但实际上，只有 ctr-2 中的应用更新了数据。几秒后，节点 1 上的 ctr-1 将数据刷新到卷，覆盖了 ctr-2 中的应用所做的更改。然而，ctr-2 中的应用完全不知道这一点！这是数据损坏发生的方式之一。

为了防止这种情况发生，需要在编写应用时避免这种情况。

13.3　卷和持久化数据——命令

- `docker volume create` 是创建新卷的命令。默认情况下，会使用 `local` 驱动创建卷，但可以使用 `-d` 标志来指定不同的驱动。

- docker volume ls 将列出本地 Docker 主机上的所有卷。

- docker volume inspect 显示详细的卷信息。使用这个命令可以查看许多有趣的卷属性，包括卷在 Docker 主机的文件系统中的位置。

- docker volume prune 将删除容器和服务副本未使用的所有卷。请谨慎使用！

- docker volume rm 删除未使用的指定卷。

- docker plugin install 从 Docker Hub 安装新的卷插件。

- docker plugin ls 列出 Docker 主机上安装的所有插件。

13.4　本章小结

数据主要分为两类：持久化数据和非持久化数据。

持久化数据是需要保留的数据，而非持久化数据则是不需要保留的数据。默认情况下，所有容器都会获得一个可写的非持久化存储层，它与容器具有相同的生命周期——我们称之为本地存储（local storage），它非常适合非持久化数据。但是，如果容器创建了需要保留的数据，则应该将数据存储在 Docker 卷中。

Docker 卷是 Docker API 中的一级对象，并且独立于容器进行管理，它们拥有自己的 docker volume 子命令，这意味着删除容器并不会删除它所使用的卷。

第三方卷插件可以让 Docker 访问专门的外部存储系统。它们使用 docker plugin install 命令从 Docker Hub 进行安装，并在创建卷时使用 -d 标志进行引用。

在 Docker 环境中，卷是保存持久化数据的推荐方式。

第14章 使用 Docker Stack 部署应用

大规模部署和管理云原生微服务应用非常困难。

幸运的是，Docker Stack 可以解决这一难题。

按照惯例，我们将本章分为 3 部分：

- 简介
- 详解
- 命令

14.1 使用 Docker Stack 部署应用——简介

在笔记本计算机上测试和部署简单的应用很容易，但这只能算业余选手。在真实的生产环境中部署和管理多服务应用才是专业选手的水平。

这就是 Docker Stack 发挥作用的地方。它允许你在单个声明性文件中定义复杂的多服务应用，还提供了一种简单的方式来部署和管理整个应用生命周期——从初始化部署到健康检查、扩缩容、更新、回滚等。

整个过程比较简单。在一个 Compose 文件中定义想要的内容，然后使用 docker stack 命令进行部署和管理。

Compose 文件包含了构成应用的整个微服务栈，还包括诸如卷、网络、密钥等基础设施。docker stack deploy 命令用于从单个文件中部署和管理整个应用。

为了实现这一切，Stack 建立在 Docker Swarm 基础之上，这意味着可以获得 Swarm 所有的安全性和高级功能。

简而言之，Docker 非常适合应用的开发和测试，而 Docker Stack 非常适合大规模场景和生产环境。

14.2　使用 Docker Stack 部署应用——详解

如果了解了 Docker Compose，就会发现 Docker Stack 非常简单。

从架构的角度来看，Stack 位于 Docker 应用层级的顶端。它建立在服务之上，而服务又建立在容器之上，如图 14.1 所示。

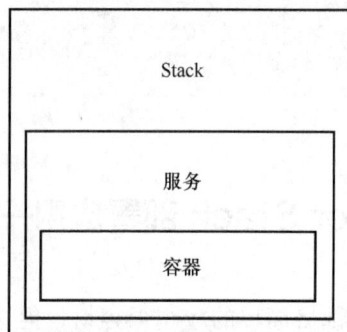

图 14.1　Stack、服务和容器之间的关系

本节内容将分成以下几部分：

- 示例应用概述

- Stack 文件

- 部署 Stack

- 管理 Stack

14.2.1　示例应用概述

在本章的剩余部分中，我们将使用一个包含两个服务、一个加密覆盖网络、一个卷和一个端口映射的应用，该应用架构如图 14.2 所示。

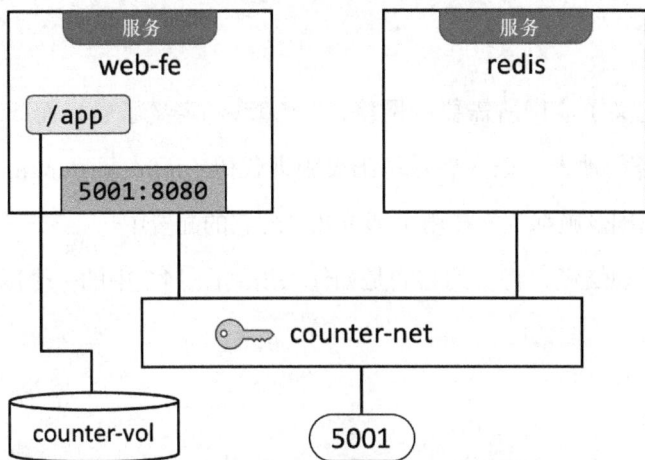

图 14.2　示例应用架构

术语

当提到服务时，我们指的是 Docker 服务对象，它是 swarm 集群中作为单个对象管理的一个或多个相同容器。

如果你还没有这样做，那么请克隆本书的 GitHub 仓库，以便在本地机器上得到应用的所有源代码文件。

```
$ git clone https://github.com/nigelpoulton/ddd-book.git
Cloning into 'ddd-book'...
remote: Enumerating objects: 8904, done.
remote: Counting objects: 100% (74/74), done.
remote: Compressing objects: 100% (52/52), done.
remote: Total 8904 (delta 21), reused 70 (delta 18), pack-reused 8830
Receiving objects: 100% (8904/8904), 74.00 MiB | 4.18 MiB/s, done.
Resolving deltas: 100% (1378/1378), done.
```

请随意查看应用。然而，我们将重点关注 compose.yaml 文件。有时，我们将 Compose 文件称为 Stack 文件，将应用称为 Stack。

在宏观上，Compose 定义了 3 个顶层键。

```
networks:
volumes:
services:
```

networks 定义了应用所需要的网络，volumes 定义了卷，而 services 是定义组成应用的微服务的地方。该文件是基础设施即代码（infrastructure as code）的简单示例——应用及其基础设施都定义在用于部署和管理它的配置中。

如果展开每个顶层键，将看到它们是如何映射到图 14.2 中的一个网络、一个卷和两个服务的。

```
networks:
  counter-net:
volumes:
  counter-vol:
services:
  web-fe:
  redis:
```

Stack 文件也是一个重要的文档来源，因为它保存并定义了应用的大部分内容。

接下来，让我们仔细分析 Stack 文件的每个部分。

14.2.2 深入分析 Stack 文件

Stack 文件与 Compose 文件几乎相同，不同之处在于运行时——Swarm 和 Stack 可能支持与 Compose 不同的功能。例如，Stack 不支持从 Dockerfile 构建镜像，但 Compose 支持。

当从 Stack 文件部署应用时，Docker 所做的第一件事是创建 `networks` 键下面列出的所需要的网络。如果网络尚不存在，则 Docker 会创建它们。

下面，我们来分析一下 Stack 文件中定义的网络和网络配置。

14.2.2.1　网络和网络配置

在示例应用中，我们定义了一个名为 `counter-net` 的网络，并强制它成为一个覆盖网络，且加密了数据平面。

```
networks:
  counter-net:
    driver: overlay
    driver_opts:
      encrypted: 'yes'
```

它需要是一个覆盖网络，这样就可以跨越 swarm 中的所有节点。

加密数据可以确保流量的私密性。然而，这会带来性能开销，开销大小取决于流量类型和流量多少等因素。性能开销通常在 10% 左右，但是你应该针对你的特定应用进行广泛的测试。

Stack 文件还为 `web-fe` 服务定义了端口映射：

```
services:
  web-fe:
  <Snip>
    ports:
      - target: 8080
        published: 5001
```

这将在 swarm 范围内的入口网络上公开 5001 端口，并将流量重定向到任何服务副本中的 8080 端口。其结果是，所有到达任何 swarm 节点的 5001 端口的流量都会被路由到服务副本上的 8080 端口。

接下来，让我们看一下卷和挂载。

14.2.2.2 卷和挂载

该应用定义了一个名为 counter-vol 的卷，并将其挂载到所有 redis 副本的 /app/ 目录中。因此，对 /app 文件夹的任何读写操作都将被读写到该卷中。

```
volumes:
  counter-vol:

services:
  redis:
    <Snip>
    volumes:
      - type: volume
        source: counter-vol
        target: /app
```

下面，让我们看一下服务。

14.2.2.3 服务

服务是大多数操作发生的地方。

我们的应用定义了两个服务，我们将依次进行分析。

（1）web-fe 服务

如你所见，web-fe 服务定义了镜像、应用、副本数量、更新配置、重启策略、网络、发布端口和卷。

```
web-fe:
  image: nigelpoulton/ddd-book:swarm-app
  command: python app.py
  deploy:
    replicas: 10
    update_config:
      parallelism: 2
      delay: 10s
      failure_action: rollback
    placement:
      constraints:
        - 'node.role == worker'
    restart_policy:
```

```
    condition: on-failure
    delay: 5s
    max_attempts: 3
    window: 120s
networks:
  - counter-net
ports:
  - published: 5001
    target: 8080
volumes:
  - type: volume
    source: counter-vol
    target: /app
```

image 键是服务对象中唯一的必需键，它定义了用于构建服务副本的镜像。请记住，服务是一个或多个相同的容器。

Docker 默认假设你想从 Docker Hub 拉取镜像。但是，你可以通过在镜像名称之前添加镜像仓库服务的 DNS 名称来使用第三方服务。例如，在镜像名称之前添加 gcr.io 将会从谷歌的容器服务拉取镜像。

Docker Stack 和 Docker Compose 之间的一个区别是 Stack 不支持构建，这意味着我们必须在部署 Stack 之前构建所有镜像。

command 键定义了在每个副本中运行的应用。我们的例子告诉 Docker 在每个服务副本中运行 python app.py 作为主进程。

```
web-fe:
  <Snip>
  command: python app.py
```

deploy.replicas 键告诉 swarm 部署和管理 4 个服务副本。除了名称和 IP 之外，所有副本都相同。

如果需要在部署服务后更改副本的数量，则应该以声明方式进行更改。这意味着要使用新值更新 Stack 文件中的 deploy.replicas 字段，然后重新部署 Stack。稍后我们会讨论这一点，但重新部署 Stack 不会影响没有更改的服务。

```
web-fe:
  deploy:
    replicas: 4
```

deploy.update_config 块指定了更新操作的配置，它表示在更新过程中每次更新两个副本，每组之间等待 10 秒，并且在更新遇到问题时执行回滚。回滚将基于之前的服务定义启动新的副本。failure_action 的默认值是 pause，它将停止进一步更新副本。failure_action 的另一个可选值是 continue。

```
web-fe:
  deploy:
    update_config:
      parallelism: 2
      delay: 10s
      failure_action: rollback
```

deploy.placement 块将所有副本强制调度到工作节点上。

```
web-fe:
  deploy:
    placement:
      constraints:
        - 'node.role == worker'
```

deploy.restart_policy 块表示如果失败就重启副本，它还指定了最多尝试重启次数为 3，每次重启间隔 5 秒，并且最多等待 120 秒来判断重启是否成功。

```
web-fe:
  deploy:
    restart_policy:
      condition: on-failure
      max_attempts: 3
      delay: 5s
      window: 120s
```

networks 告诉 swarm 将所有副本连接到 counter-net 网络。

```
web-fe:
  networks:
    - counter-net
```

ports 块在入口网络上的 5001 端口和 counter-net 网络上的 8080 端口上发布应用，这确保了访问 swarm 的 5001 端口的流量会被重定向到服务副本上的 8080 端口。

```
web-fe:
  ports:
    - published: 5001
      target: 8080
```

最后，volumes 块将 counter-vol 卷挂载到每个服务副本的 /app 目录上。

```
web-fe:
  volumes:
    - type: volume
      source: counter-vol
      target: /app
```

（2）Redis 服务

Redis 服务要简单得多。它会拉取 redis:alpine 镜像，启动一个副本，并将其连接到 counter-net 网络，即与 web-fe 服务相同的网络，这意味着两个服务将能够通过名称（"redis" 和 "web-fe"）相互通信。

```
redis:
  image: "redis:alpine"
  networks:
    counter-net:
```

如前所述，Compose 文件是应用文档的一个重要来源。我们知道该应用有 2 个服务、2 个网络和 1 个卷，并知道服务如何通信，如何将它们暴露在 swarm 之外，还知道如何部署、更新以及从故障中重新启动。

接下来，我们开始部署应用。

14.2.3　部署应用

我们将把应用部署为 Docker Stack，这意味着 Docker 节点需要配置为 swarm。

14.2.3.1　为示例应用构建实验环境

在本节中，我们将搭建一个三节点的 swarm。你可以在 Play with Docker、Multipass 虚拟机或几乎任何 Docker 环境中跟随操作，甚至可以在 Docker Desktop 上进行操作。然而，Docker Desktop 仅限于一个作为管理节点运行的单节点，这意味着必须删除节点角色约束：

```
web-fe:
  deploy:
    placement:                              <<---- Delete if using Docker Desktop
      constraints:                          <<---- Delete if using Docker Desktop
        - 'node.role == worker'            <<---- Delete if using Docker Desktop
```

1. 初始化一个新 swarm。

在你希望成为 swarm 管理节点的机器上执行以下命令。

```
$ docker swarm init
Swarm initialized: current node (lhma...w4nn) is now a manager.
<Snip>
```

2. 添加工作节点。

复制上一个命令输出的 `docker swarm join` 命令，将其粘贴到你希望作为工作节点加入的两个节点上。

```
//Worker1 (wrk1)
wrk-1$ docker swarm join --token SWMTKN-1-2h16...-...3lqg 172.31.40.192:2377
This node joined a swarm as a worker.

//Worker2 (wrk2)
wrk-2$ docker swarm join --token SWMTKN-1-2h16...-...3lqg 172.31.40.192:2377
This node joined a swarm as a worker.
```

3. 确认 swarm 配置了一个管理节点和两个工作节点。

在管理节点上运行该命令。

```
$ docker node ls
ID              HOSTNAME   STATUS   AVAILABILITY   MANAGER STATUS
lhm...4nn * mgr1           Ready    Active         Leader
```

```
b74...gz3    wrk1       Ready     Active
o9x...um8    wrk2       Ready     Active
```

Swarm 已经就绪，让我们部署 Stack 吧。

14.2.3.2　部署示例应用

Stack 通过 `docker stack deploy` 命令进行部署。其基本形式接受两个参数：

• Stack 文件名称

• Stack 名称

我们将使用本书 GitHub 仓库中 swarm-app 文件夹里的 compose.yaml 文件，并将应用命名为 ddd。不过，你可以随意选择不同的名称。

在 swarm 管理节点上的 swarm-app 目录下运行以下命令。如果管理节点上不存在 GitHub 仓库的副本，请使用以下命令克隆它。

```
$ git clone https://github.com/nigelpoulton/ddd-book.git
```

部署 Stack。

```
$ docker stack deploy -c compose.yaml ddd
Creating network ddd_counter-net
Creating service ddd_web-fe
Creating service ddd_redis
```

可以分别运行 `docker network ls`、`docker volume ls` 和 `docker service ls` 命令来查看应用部署的网络、卷和服务。

命令的输出中有几点需要注意。

网络和卷在服务之前创建，这是因为服务会用到它们，如果它们不存在，则服务将无法启动。

Docker 为它创建的每个资源都添加了 Stack 名称前缀。在我们的例子中，Stack 名为 ddd，这意味着所有资源都会被命名为 ddd_<资源>。例如，counter-net 网络命名为 ddd_counter-net。

可以使用几个命令来验证 Stack 的状态。`docker stack ls` 列举了系统中所有

Stack 的基本信息。docker stack ps <stack 名 > 提供特定 Stack 的更详细信息。接下来，我们看一下这两点。

```
$ docker stack ls
NAME        SERVICES
ddd         2

$ docker stack ps ddd
NAME            IMAGE               NODE    DESIRED STATE   CURRENT STATE
ddd_redis.1     redis:alpine        mgr1    Running         Running 4 mins
ddd_web-fe.1    nigelpoulton/ddd... wrk1    Running         Running 4 mins
ddd_web-fe.2    nigelpoulton/ddd... wrk2    Running         Running 4 mins
ddd_web-fe.3    nigelpoulton/ddd... wrk2    Running         Running 4 mins
<Snip>
ddd_web-fe.10   nigelpoulton/ddd... wrk1    Running         Running 4 mins
```

当排查启动失败的服务时，docker stack ps 命令是一个很好的起点。它提供了 Stack 中每个服务的概览信息，包括副本被调度到了哪个节点、当前状态、期望状态以及错误消息。以下输出展示了在 wrk2 节点上启动 web-fe 服务副本的两次失败尝试。

```
$ docker stack ps ddd
NAME          NODE    DESIRED   CURRENT   ERROR
web-fe.1      wrk-2   Shutdown  Failed    "task: non-zero exit (1)"
\_web-fe.1    wrk-2   Shutdown  Failed    "task: non-zero exit (1)"
```

使用 docker service logs 命令可以获取更详细的日志信息，需要向它传递服务名称或 ID，或者副本 ID。如果向其传递服务名称或 ID，你将获得所有服务副本的日志信息。如果向其传递一个特定的副本 ID，将只会获得该副本的日志信息。

下面的例子展示了 ddd_web-fe 服务中所有副本的日志信息。

```
$ docker service logs ddd_web-fe
ddd_web-fe.9.i23puo71kq12@node2 | * Serving Flask app 'app'
ddd_web-fe.5.z4otpnjrvc58@node2 | * Debug mode: on
<Snip>
ddd_web-fe.6.novrixi5iuxy@node2 | * Debug mode: on
ddd_web-fe.6.novrixi5iuxy@node2 | * Debugger is active!
ddd_web-fe.6.novrixi5iuxy@node2 | * Debugger PIN: 127-233-151
```

可以跟踪日志（--follow）、获取日志末尾部分（--tail），还可以获得额外的详细信息（--details）。

　　将浏览器指向应用，以验证它是否启动并工作，如图 14.3 所示。由于它暴露在 swarm 入口的 5001 端口上，因此可以将浏览器指向该端口上的任何集群节点。如果你使用的是 Docker Desktop，则可以使用 localhost:5001。

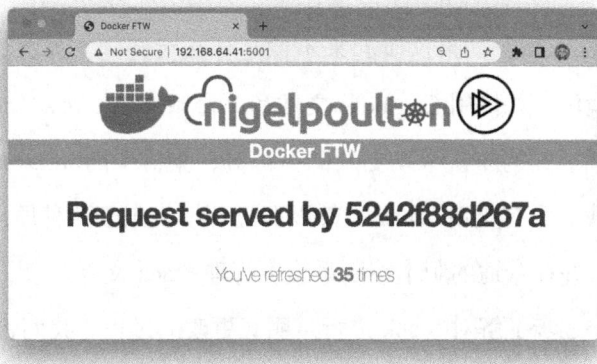

图 14.3　浏览器查看服务 ddd_web-fe

既然 Stack 已经启动并运行，下面我们看看如何声明式地管理它。

14.2.4　管理 Stack

　　我们知道，Stack 是一组相关的服务和基础设施，它们作为一个整体进行部署和管理。虽然这句话里包含一些术语，但它提醒我们 Stack 是由普通的 Docker 资源构建的——网络、卷、密钥、服务、容器等。这意味着我们可以使用正常的 Docker 命令（比如 docker network、docker volume 和 docker service 等）来检查它们的单个组件。

　　考虑到这一点，就可以使用 docker service 命令来管理 Stack 中的服务。一个简单的例子是，使用 docker service scale 命令来增加 web-fe 服务中的副本数量。然而，像这样使用命令行被称为命令式（imperative）方法，它不是推荐的方法！

　　推荐的方法是声明式（declarative）方法，这种方法使用 Stack 文件作为配置的唯一声明，并要求所有的更改都通过更新 Stack 文件并利用更新后的文件重新部署应用来完成。

下面是一个简单的例子，阐述了为什么命令式方法（通过 CLI 和单条 Docker 命令进行更改）不好。

假设从一个 `compose.yaml` 文件部署了一个 Stack，其中 `compose.yaml` 文件是本章早先从 GitHub 克隆的。这意味着 web-fe 服务有 4 个副本。如果使用 `docker service scale` 命令将规模扩展到 10 个副本以满足增加的需求，则应用的当前状态将不再与 Compose 文件匹配。如果这听起来不像是什么大问题，那么假设随后编辑 Stack 文件以使用更新的镜像，并使用 Compose 文件和 `docker stack deploy` 命令以推荐的方式进行滚动更新。作为本次滚动更新的一部分，集群中的 web-fe 副本数量将回滚到只有 4 个，因为我们没有更新 Stack 文件以匹配环境。出于这种原因，建议通过 Stack 文件进行所有更改，并在合适的版本控制系统中管理 Stack 文件。

接下来，我们将逐步了解对 Stack 进行声明式更改的过程。我们将进行以下更改：

- 将 `web-fe` 副本的数量从 4 个增加到 10 个
- 基于名为 `:swarm-appv2` 的新镜像更新应用

图 14.4 展示了原始视图和新视图。

原始视图　　　　　　　　　　　　　　新视图

图 14.4　原始视图与新视图

更新 `compose.yaml` 文件以反映这些更改。相关的部分应该如下所示：

```
<Snip>
services:
```

```
web-fe:
  image: nigelpoulton/ddd-book:swarm-appv2 <<---- changed to swarm-appv2
  command: python app.py
  deploy:
    replicas: 4 <<---- Changed from 4 to 10
    <Snip>
```

保存文件并重新部署应用。

```
$ docker stack deploy -c compose.yaml ddd
Updating service ddd_redis (id: ozljsazuv7mmh14ep70pv43cf)
Updating service ddd_web-fe (id: zbbp1w0hul2gbr593mvwslz5i)
```

像这样重新部署应用只会更新变更的组件。

运行 `docker stack ps` 以查看更新进度。

```
$ docker stack ps ddd
NAME              IMAGE            NODE    DESIRED    CURRENT STATE
ddd_redis.1       redis:alpine     mgr1    Running    Running 8 minutes ago
ddd_web-fe.1      nigel...app      node2   Running    Running 8 minutes ago
ddd_web-fe.2      nigel...appv2    node2   Running    Running 13 seconds ago
\_ddd_web-fe.2    nigel...app      node2   Shutdown   Shutdown 26 seconds ago
ddd_web-fe.3      nigel...app      node2   Running    Running 8 minutes ago
<Snip>
```

输出已被截断以适应页面大小，且仅显示了一些副本。

当我们重新部署 Stack 时发生了两件事：

- `web-fe` 服务从 4 个副本扩展到 10 个
- `web-fe` 服务改为使用 `swarm-appv2` 镜像

从 4 个扩展到 10 个增加了 6 个新副本，这些新副本将使用新版本的镜像进行部署。而现有的 4 个副本也将被删除，并替换为运行新版本的新副本。这是因为 Docker 将副本视为不可变对象，并且永远不会对活动的副本进行更改——它总是删除现有副本，并将其替换为新副本。

此外，更新 4 个现有副本的过程遵循 Compose 文件中定义的更新规则——更新两个副本，等待 10 秒，更新另外两个，再等待 10 秒。如果出现任何问题，swarm 将尝试回滚到之前的配置。

```
web-fe:
  deploy:
    update_config:
      parallelism: 2
      delay: 10s
      failure_action: rollback
```

集群最终将收敛，当前观察到的状态将与新的期望状态匹配，即 10 个副本都使用新镜像。到那时，集群上部署和观察到的内容将完全匹配 Stack 文件中定义的内容。

通过刷新浏览器来检查更新是否成功。

更新似乎没有生效，因为原始视图仍然显示！让我们检查一下……

docker stack ps 命令是排查问题的好起点。下面的命令显示我们已经减少到 4 个 web-fe 副本，它们都使用了正确的 swarm-appv2 镜像。那么可能出了什么问题呢？

```
$ docker stack ps ddd
NAME              IMAGE                NODE    DESIRED   CURRENT STATE
ddd_redis.1       redis:alpine         mgr1    Running   Running 18 mins
ddd_web-fe.1      nigel...swarm-appv2  node2   Running   Running 10 mins
ddd_web-fe.2      nigel...swarm-appv2  node2   Running   Running 10 mins
ddd_web-fe.5      nigel...swarm-appv2  node2   Running   Running 10 mins
ddd_web-fe.4      nigel...swarm-appv2  node2   Running   Running 10 mins
```

问题出在卷上。

当更新副本以运行新镜像时，旧的副本被删除，新的副本被启动。但是，旧副本的卷和数据仍然存在，并挂载到新的副本中。这会导致卷中仍然存在的旧版本的应用覆盖了新版本的应用。接下来，我们分析一下这个过程。

新镜像具有带新 Web 视图的更新应用。旧的副本被删除，新副本与新版本的应用一起部署。然而，在运行时，现有的卷（包含旧版本的应用）被挂载到新的副本中，并覆盖新的 Web 视图。这是卷的一个特性，也是你应该意识到的事情。

假设你意识到 Web 视图是静态内容且不需要使用卷，所以你决定从应用中删除卷。

声明式的方式是再次编辑 Compose 文件，删除卷和卷挂载配置，然后重新部署应用。开始吧！

编辑 `compose.yaml` 文件并进行以下更改。

```
volumes:                    <<---- Delete this line
  counter-vol:              <<---- Delete this line
<Snip>
services:
  web-fe:
    image: nigelpoulton/ddd-book:swarm-appv2
    <Snip>
    volumes:                <<---- Delete this line
      - type: volume        <<---- Delete this line
        source: counter-vol <<---- Delete this line
        target: /app        <<---- Delete this line
```

保存更改并重新部署。

```
$ docker stack deploy -c compose.yaml ddd
Updating service ddd_redis (id: ozljsazuv7mmh14ep70pv43cf)
Updating service ddd_web-fe (id: zbbplw0hul2gbr593mvwslz5i)
```

Stack 将每次更新两个副本，并在每次更新之间等待 10 秒。一旦 Stack 收敛，且所有副本都已更新，那么你应该可以在浏览器中看到应用的新版本。点击刷新几次以确保它正常工作。

卷仍然存在，需要手动删除。

这种声明式更新模式应该用于所有更新。也就是说，所有更改都应通过 Stack 文件进行声明式更改，并使用 `docker stack deploy` 命令进行部署。

删除 Stack 的正确方法是使用 `docker stack rm` 命令。但要注意！它会在不请求确认的情况下直接删除 Stack。

```
$ docker stack rm ddd
Removing service ddd_redis
Removing service ddd_web-fe
Removing network ddd_counter-net
```

请注意，网络和服务已被删除，但卷却没有。这是因为卷是长期持久的数据存储，独立于容器、服务和 Stack 的生命周期而存在。

祝贺你！你已经知道如何使用 Docker Stack 部署和管理多服务应用了。

14.3　使用 Docker Stack 部署应用——命令

- `docker stack deploy`命令用于部署和更新 Stack 文件（通常名为 `compose.yaml`）中定义的服务栈。

- `docker stack ls`会列举 Swarm 上的所有 Stack，包括它们有多少服务。

- `docker stack ps`提供有关已部署 Stack 的详细信息。它接受 Stack 的名称作为其主要参数，列出每个副本运行在哪个节点上，并显示期望状态和当前状态。

- `docker stack rm`从 Swarm 中删除一个 Stack。它在删除之前不会请求确认。

14.4　本章小结

Stack 是部署和管理云原生微服务应用的原生 Docker 解决方案。它需要使用 swarm 模式，并提供一个简单的声明式接口来管理应用和基础设施的整个生命周期。

从应用代码和一组基础设施需求（如网络、端口、卷和密钥等内容）开始。你将应用容器化，并将所有应用服务和基础设施需求整合到一个单一的声明式 Stack 文件中。在该文件中，可以设置副本的数量，以及滚动更新和重启策略。然后，使用 `docker stack deploy` 命令从 Stack 文件部署应用。

应用的后续更新应该通过声明式方式完成：从源代码控制系统中检出 Stack 文件，更新它，利用它重新部署应用，然后再将其重新提交到源代码控制系统。

由于 Stack 文件定义了服务副本的数量等内容，所以应该为每个环境维护单独的 Stack 文件，比如开发（dev）、测试（test）和生产（prod）。

第**15**章 Docker 安全

良好的安全性在于层级和深度防御。Docker 支持所有主要的 Linux 安全技术以及许多自己的安全技术。

在本章中，我们将介绍一些保障容器安全运行的技术。

本章的大部分内容将特定于 Linux。然而，Docker 安全技术部分与平台无关，同样适用于 Linux 和 Windows。

15.1　Docker 安全——简介

安全是关于层级的，层级越多等于越安全。幸运的是，我们可以在 Docker 上应用很多安全层级。图 15.1 展示了本章将要介绍的一些安全技术。

Linux 上的 Docker 利用了大多数常见的 Linux 安全技术和工作负载隔离技术，包括命名空间（namespace）、控制组（control group）、权限（capability）、强制访问控制（mandatory access control，MAC）和 seccomp。对于每一项，Docker 都提供了"合理的默认值"，以实现适度安全的开箱即用体验。但是，你可以根据自己的特定需求自定义各个项。

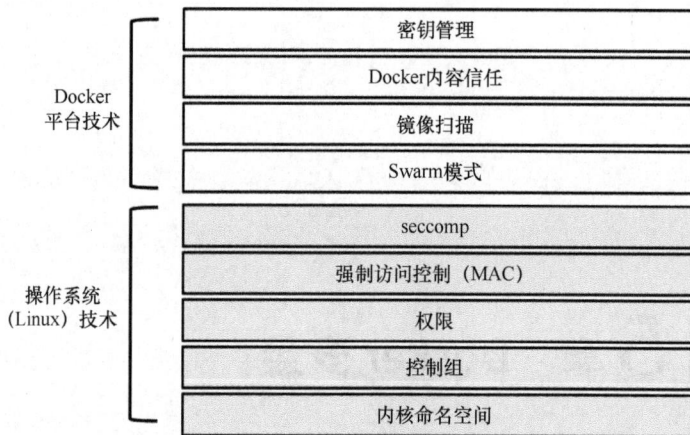

图 15.1　Docker 安全技术

Docker 还添加了自己的一些非常棒的安全技术。Docker 安全技术的一大优点是使用起来非常简单。

Docker Swarm 模式默认是开启安全功能的，你将获得以下所有功能：加密节点 ID、双向认证、自动 CA 配置、自动证书更新、加密集群存储、加密网络等。

镜像漏洞扫描会分析镜像、检测已知漏洞、提供详细报告，以及进行修复。

Docker 内容信任（Docker Content Trust，DCT）允许我们对镜像签名，并验证所使用镜像的完整性和发布者。

Docker 密钥使我们可以安全地与应用共享敏感数据。它们存储在加密的集群存储中，通过网络进行加密，使用时保存在内存文件系统中，并使用一个最小权限模型。

还存在一些其他技术，但重要的是要知道，Docker 不仅与主要的 Linux 安全技术配合，还提供广泛且不断增长的安全技术集。Linux 的安全技术往往很复杂，但原生的

Docker 安全技术往往很简单。

15.2　Docker 安全——详解

我们都知道安全很重要，也知道安全可能复杂而乏味。

当 Docker 决定向平台中添加安全功能时，就选择了简单易用的方式。Docker 知道如果安全相关配置很复杂，那么人们就不会使用它。因此，Docker 平台提供的安全技术大多易于使用。并且大部分的安全设置都带有合理的默认值，这意味着我们在不费吹灰之力的情况下就得到了一个相当安全的平台。当然，这些默认值并不完美，但它们却是一个良好的起点。

接下来的内容组织如下：

- Linux 安全技术
  - 命名空间
  - 控制组
  - 权限
  - 强制访问控制
  - seccomp
- Docker 平台安全技术
  - Swarm 模式
  - 漏洞扫描
  - Docker 内容信任
  - Docker 密钥

15.2.1　Linux 安全技术

所有优秀的容器平台都使用命名空间和控制组来构建容器。最好的容器平台集成了其他 Linux 安全技术，比如权限、强制访问控制系统（如 SELinux 和 AppArmor）和 seccomp。不出所料，Docker 集成了所有这些技术。

在本节中，我们将快速了解 Docker 使用的一些主要 Linux 安全技术。我们不会深入细节，因为我希望将重点放在 Docker 添加的安全技术上。

15.2.1.1　命名空间

内核命名空间（kernel namespace）是用于构建容器的主要技术。

它们虚拟化操作系统结构，比如进程树和文件系统，就像 Hypervisor 虚拟化 CPU 和磁盘等物理资源一样。在虚拟机模型中，Hypervisor 通过将虚拟 CPU、虚拟磁盘和虚拟网卡等组合在一起来创建虚拟机。每个虚拟机看起来完全像一台物理机器。而在容器模型中，命名空间通过将虚拟进程树、虚拟文件系统和虚拟网络接口等东西组合在一起来创建虚拟操作系统。每个虚拟操作系统称为一个容器，其看起来与普通操作系统完全相同。

这个虚拟操作系统（容器）能够实现一些非常酷的事情，比如在不会有端口冲突的情况下在同一台主机上运行多个 Web 服务器。它还使我们能够在同一台主机上运行多个应用，且不会因为共享配置文件和共享库而发生冲突。

下面是几个快速示例。

- 命名空间允许我们在单台主机、单个操作系统上运行多个 Web 服务器，且每个服务器都使用端口 443。要做到这一点，我们将每个 Web 服务器运行在自己的网络命名空间（network namespace）中。这之所以可行，是因为每个网络命名空间都有自己的 IP 地址和完整的端口范围，不过你可能需要将不同服务器的端口映射到 Docker 主机上的不同端口，但它们无须重写或重新配置为使用不同端口即可运行。

- 我们可以运行多个应用，每个应用都有各自版本的共享库和配置文件。为此，我们将每个应用运行在自己的挂载命名空间（mount namespace）中。这样做之所以有效，是因为每个挂载命名空间都可以拥有各自的隔离目录副本，比如 /etc、/var 或 /dev。

图 15.2 展示了在一台主机上运行两个 Web 服务器应用（都使用 443 端口）的高级示例。其中，每个 Web 服务器应用都运行在自己的网络命名空间中。

直接使用命名空间比较困难。幸运的是，Docker 为我们完成了所有艰难的工作，并将所有的复杂性隐藏在 `Docker run` 命令和易于使用的 API 之后。

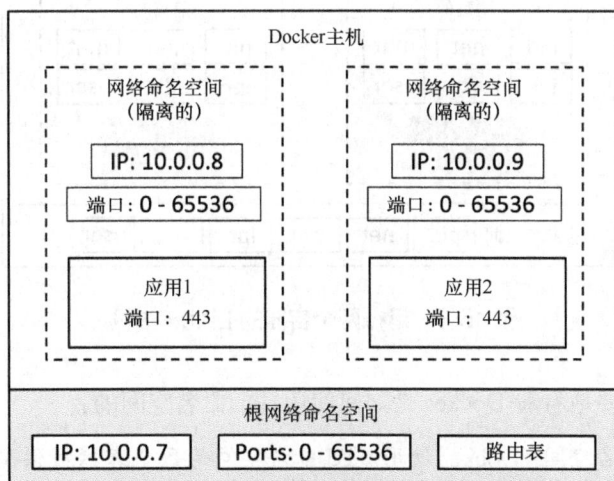

图 15.2　一台主机上运行两个 Web 服务器应用示例

Linux 上的 Docker 目前使用以下内核命名空间。

- 进程 ID（pid）
- 网络（net）
- 文件系统/挂载（mnt）
- 进程间通信（ipc）

- 用户（user）

- UTS（uts）

我们稍后会解释每个命名空间的作用。然而，要理解的最重要的事情是，容器是有组织的命名空间的集合。例如，每个容器都有自己的 pid、net、mnt、ipc、uts，可能还有 user 命名空间。实际上，这些命名空间的有组织集合就是我们所说的"容器"。图 15.3 展示了一台运行两个容器的 Linux 主机。主机有自己的命名空间集合，我们称之为"根命名空间"。每个容器都有自己的隔离命名空间集合。

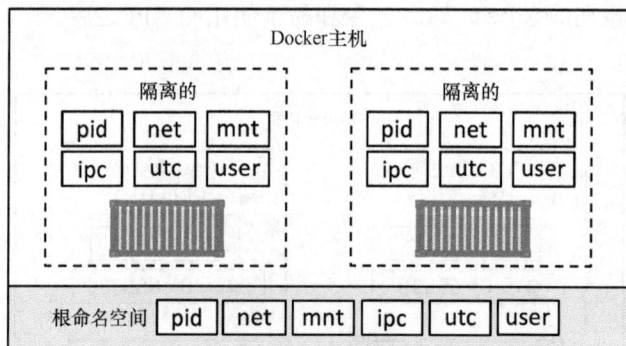

图 15.3　运行两个容器的 Linux 主机

下面，我们简要地看看 Docker 是如何使用每个命名空间的：

- 进程 ID 命名空间：Docker 使用 pid 命名空间为每个容器提供隔离的进程树。这意味着每个容器都有自己的 PID 1，还意味着一个容器无法看到或访问其他容器中运行的进程，也不能看到或访问运行在宿主机上的进程。

- 网络命名空间：Docker 使用 net 命名空间为每个容器提供自己的隔离网络栈，后者包括接口、IP 地址、端口范围和路由表。例如，每个容器都有自己的 eth0 接口，具有自己独特的 IP 和端口范围。

- 挂载命名空间：每个容器都有自己独特的隔离的根（/）文件系统，这意味着每个容器都可以有自己的 /etc、/var、/dev 和其他重要的文件系统结构。容器内的进程不能访问宿主机或其他容器上的文件系统——它们只能看到和访问自己隔离的文件系统。

- 进程间通信命名空间：Docker 使用 ipc 命名空间来访问容器内的共享内存，它还将容器与容器外部的共享内存隔离。

- 用户命名空间：Docker 允许你使用用户命名空间将容器内的用户映射到 Linux 宿主机上的不同用户。一个常见的例子是，将容器的 root 用户映射到 Linux 宿主机上的非 root 用户。

- UTS 命名空间：Docker 使用 uts 命名空间为每个容器提供自己的主机名。

请记住，容器是一组命名空间集合，它看起来就像常规的操作系统，而 Docker 使它非常易于使用。

15.2.1.2　控制组

如果命名空间是关于隔离的，那么控制组则是关于限制的。

可以将容器想象成酒店中的房间。虽然每个房间看起来是隔离的，但每个房间都共享一套公共的基础设施资源——比如供水、供电、共享游泳池、共享健身房、共享电梯、共享早餐吧等。控制组让我们设置限制，这样（继续使用酒店类比）单个容器就不能用光所有水或吃完早餐吧的所有食物。

在现实世界中，并非类似于酒店，容器彼此隔离，但都共享一组公共资源——比如 CPU、RAM、网络和磁盘 I/O。控制组允许我们设置限制，以防止单个容器耗尽所有资源，从而导致拒绝服务（denial of service，DoS）攻击。

15.2.1.3　权限

以 root 身份运行容器是一个糟糕的主意——root 是 Linux 系统上最强大的用户账户，因此非常危险。然而，仅仅以常规非 root 用户身份运行容器并不像听起来那么简单。例如，在大多数 Linux 系统上，非 root 用户往往无能为力，实际上几乎毫无用处。我们需要的是一种选择容器运行所需的特定 root 权限的方法。

这就是权限（capability）的作用！

在底层，Linux 的 `root` 用户是一长串权限的组合。其中一些权限包括：

- `CAP_CHOWN`：允许更改文件所有权
- `CAP_NET_BIND_SERVICE`：允许将套接字绑定到低编号的网络端口
- `CAP_SETUID`：可以提升进程的特权级别
- `CAP_SYS_BOOT`：可以重启系统

这样的例子不胜枚举。

Docker 与权限配合，以便你能够以 `root` 身份运行容器，同时删除所有不需要的权限。例如，如果容器需要的唯一 root 权限是绑定到低编号网络端口的能力，那么我们可以启动一个容器，删除所有 root 权限，然后只添加 CAP_NET_BIND_SERVICE 权限。

这是实现最小权限（least privilege）的绝佳例子——我们让容器只以实际需要的权限来运行。Docker 还施加了限制，使得容器不能重新添加被删除的权限。

虽然这很棒，但配置正确的权限集需要大量的工作和测试。

15.2.1.4　强制访问控制系统（MAC）

Docker 与主要的 Linux MAC 技术（比如 AppArmor 和 SELinux）进行协作。

根据 Linux 发行版的不同，Docker 会为所有新容器应用默认配置文件。根据 Docker 文档，这些默认配置文件"提供适度保护，同时提供广泛的应用兼容性"。

Docker 还允许在没有策略的情况下启动容器，并允许自定义策略以满足特定需求。这一点非常强大，但可能会复杂到令人望而却步。

15.2.1.5　seccomp

Docker 使用 seccomp 来限制容器对宿主机内核发起的系统调用。在本书撰写之际，Docker 的默认 seccomp 配置文件禁用了 44 个系统调用，而现代 Linux 系统有 300 多个系统调用。

根据 Docker 的安全理念，所有新容器都会获得一个默认的 seccomp 配置文件，该文件配置了合理的默认值。与 MAC 策略一样，默认的 seccomp 策略旨在在不影响应用兼容性的情况下提供适度的安全性。

与前面提到的许多技术一样，你可以自定义 seccomp 配置文件，且可以向 Docker 传递一个标志，以便容器可以在没有 seccomp 配置文件的情况下启动。

与前面提到的许多技术一样，seccomp 非常强大。然而，由于 Linux 系统调用表很长，因此配置合适的 seccomp 策略可能非常复杂。

15.2.1.6　对 Linux 安全技术的最终思考

Docker 支持大多数重要的 Linux 安全技术，并提供了合理的默认设置，这些设置增加了安全性，但却没有过度限制。图 15.4 展示了这些技术如何帮助构建纵深安全防御态势。

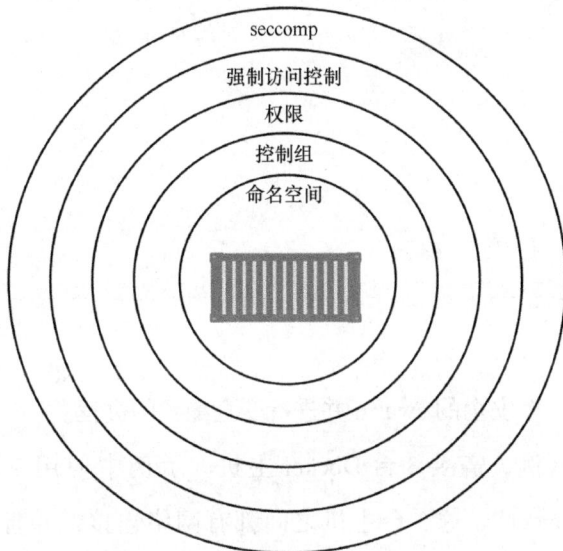

图 15.4　Docker 用到的 Linux 安全技术

其中一些技术的定制可能很复杂，因为它们需要深入了解 Linux 内核的工作原理。但它们正在变得更容易配置，而且包括 Docker 在内的许多平台都提供了默认值，这是一个很好的起点。

15.2.2　Docker 安全技术

接下来，我们看看 Docker 提供的一些主要安全技术。

15.2.2.1　Swarm 模式的安全性

Docker Swarm 允许你将多个 Docker 主机创建为一个集群，并以声明式的方式部署应用。每个 Swarm 都包含管理节点和工作节点，它们可以是 Linux 或 Windows 系统。其中，管理节点承载着控制平面，负责配置集群和分发工作任务。工作节点是运行应用容器的节点。

正如预期的那样，Swarm 模式包括许多开箱即用的安全特性，并且具有合理的默认设置。这些包括：

- 加密节点 ID
- 双向认证 TLS
- 安全接入令牌
- 自动证书更新的 CA 配置
- 加密的集群存储
- 加密网络

我们看一下构建一个安全的 swarm 并进行安全配置的过程。

要学习完整的示例，需要 3 台 Docker 主机。示例中使用 3 台主机，分别名为"mgr1""mgr2"和"wrk1"。这 3 台主机之间都有网络连接，并且可以通过名称互相 ping 通对方。

15.2.2.2　配置安全的 Swarm

在你希望让其成为新 swarm 的第一个管理节点的主机上运行以下命令。我们将在节点 mgr1 上运行。

```
$ docker swarm init

Swarm initialized: current node (7xam...662z) is now a manager.
To add a worker to this swarm, run the following command:

    docker swarm join --token \
      SWMTKN-1-1dmtwu...r17stb-ehp8g...hw738q 172.31.5.251:2377

To add a manager to this swarm, run 'docker swarm join-token manager'
and follow the instructions.
```

搞定！这就是配置一个安全的 swarm 所需的全部操作。

mgr1 被配置为 swarm 的第一个管理节点，同时也是根证书颁发机构（certificate authority，CA）。swarm 本身已经被赋予了一个加密的集群 ID。mgr1 已经为自己签发了一个客户端证书，证明其管理节点的身份，证书更新周期已设置为默认值 90 天，并且已经配置并加密了集群数据库。此外，还创建了一组安全令牌，以便可以安全地接入额外的管理节点和工作节点。所有这些只需要一条命令即可完成！

图 15.5 展示了当前实验环境的样子。在你的实验环境中，有些细节可能会有所不同。

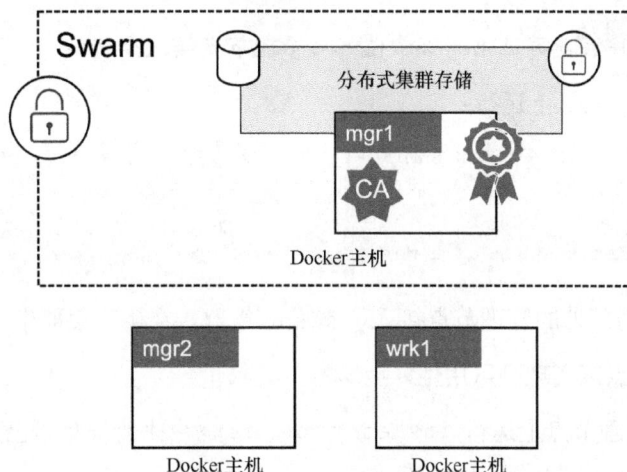

图 15.5　当前实验环境

下面，我们将 mgr2 接入集群，作为额外的管理节点。

将新的管理节点接入 swarm 需要两步。第一步提取令牌。第二步在我们要添加的节点上运行 docker swarm join 命令。只要我们在命令中包含管理节点接入令牌，mgr2 就会作为管理节点接入 swarm。

在 mgr1 上运行以下命令来提取管理节点接入令牌。

```
$ docker swarm join-token manager
To add a manager to this swarm, run the following command:

    docker swarm join --token \
    SWMTKN-1-1dmtwu...r17stb-2axi5...8p7glz \
    172.31.5.251:2377
```

输出为我们提供了需要在欲作为管理节点接入的节点上运行的确切命令。在你的实验环境中，接入令牌和 IP 地址将有所不同。

接入命令的格式如下：

- docker swarm join --token <管理节点接入令牌> <现有管理节点 IP>:<swarm 端口>

令牌的格式为：

- SWMTKN-1-<集群证书的哈希值>-<管理节点接入令牌>

复制命令并在 mgr2 上运行：

```
$ docker swarm join --token SWMTKN-1-1dmtwu...r17stb-2axi5...8p7glz \
> 172.31.5.251:2377

This node joined a swarm as a manager.
```

mgr2 已经作为额外的管理节点接入了 swarm 集群。在生产集群中，你应该始终运行 3 个或 5 个管理节点以实现高可用性。

通过在任一管理节点上运行 docker node ls 命令来验证是否已成功添加。

```
$ docker node ls
ID                   HOSTNAME   STATUS   AVAILABILITY   MANAGER STATUS
7xamk...ge662z       mgr1       Ready    Active         Leader
i0ue4...zcjm7f *     mgr2       Ready    Active         Reachable
```

输出表明 mgr1 和 mgr2 都是 swarm 的一部分，并且都是管理节点。更新后的配置如图 15.6 所示。

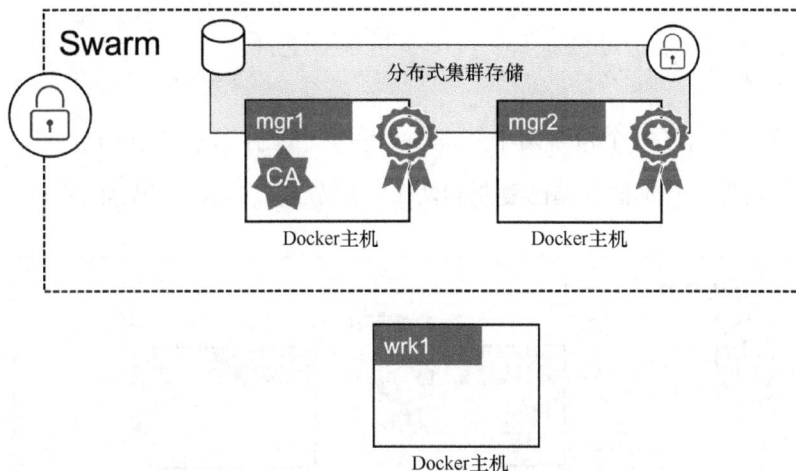

图 15.6　更新后的配置

添加 swarm 工作节点也是一个类似的两步过程——提取接入令牌并在节点上运行命令。

在任意一个管理节点上运行以下命令以显示工作节点接入令牌。

```
$ docker swarm join-token worker

To add a worker to this swarm, run the following command:

    docker swarm join --token \
    SWMTKN-1-1dmtw...17stb-ehp8g...w738q \
    172.31.5.251:2377
```

复制命令并在 wrk1 上运行，如下所示：

```
$ docker swarm join --token SWMTKN-1-1dmtw...17stb-ehp8g...w738q \
> 172.31.5.251:2377

This node joined a swarm as a worker.
```

在任一管理节点运行另一条 docker node ls 命令。

```
$ docker node ls
ID                 HOSTNAME  STATUS  AVAILABILITY  MANAGER STATUS
7xamk...ge662z *   mgr1      Ready   Active        Leader
ailrd...ofzvlu     wrk1      Ready   Active
i0ue4...zcjm7f     mgr2      Ready   Active        Reachable
```

至此，我们拥有了一个包含两个管理节点和一个工作节点的 swarm。其中，管理节点配置为高可用性，且集群存储已复制到两个管理节点上。最终配置如图 15.7 所示。

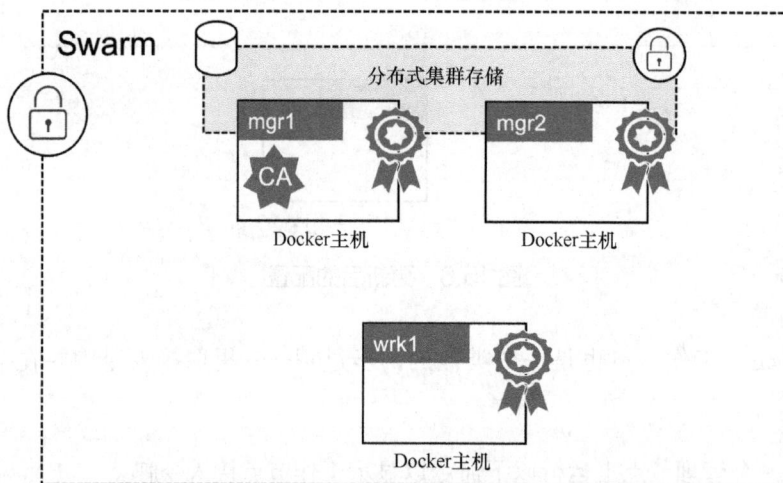

图 15.7　swarm 最终配置

15.2.2.3　Swarm 安全背后的机制

既然我们已经搭建了一个安全的 Swarm，那么我们花一点时间来探究一下背后涉及的一些安全技术。

（1）Swarm 接入令牌

接入新管理节点和工作节点到现有 swarm 所需的唯一信息就是正确的接入令牌，这意味着确保接入令牌的安全性至关重要。永远不要将它们发布在公共的 GitHub 仓库，甚至是不受限制的内部源代码仓库。

每个 swarm 维护两个不同的接入令牌：

- 一个用于接入新的管理节点
- 一个用于接入新的工作节点

每个接入令牌具有 4 个由短划线（-）分隔的不同字段：

```
PREFIX - VERSION - SWARM ID - TOKEN
```

PREFIX 始终是 SWMTKN，这允许你对它进行模式匹配，并防止人们不小心将其公开发布。VERSION 字段表示 swarm 的版本，SWARM　ID 字段是 swarm 证书的哈希值，而 TOKEN 字段是工作节点或管理节点的令牌。

如下所示，除了最后的 TOKEN 字段外，swarm 管理节点和工作节点的接入令牌完全相同。

- 管理节点：SWMTKN-1-1dmtwusdc...r17stb-2axi53zjbs45lqxykaw8p7glz
- 工作节点：SWMTKN-1-1dmtwusdc...r17stb-ehp8gltji64jbl45zl6hw738q

如果怀疑自己的接入令牌已被泄露，那么可以使用一条命令撤销它们并发放新的令牌。下面的示例撤销了现有的管理节点接入令牌并发放了一个新令牌。

```
$ docker swarm join-token --rotate manager

Successfully rotated manager join token.
```

无须更新现有的管理节点，但是任何新的管理节点都需要使用新令牌添加。

注意，新旧令牌之间的唯一区别是最后一个字段，而 Swarm ID 的哈希值保持不变。

接入令牌存储在默认加密的集群存储中。

（2）TLS 和双向认证

每个接入 swarm 的管理节点和工作节点都会被颁发一个用于双向认证的客户端证书，它标识了节点、节点所属的 swarm，以及节点是管理节点还是工作节点。

在 Linux 上，可以使用以下命令检查节点的客户端证书。

```
$ sudo openssl x509 \
  -in /var/lib/docker/swarm/certificates/swarm-node.crt \
```

```
    -text
Certificate:
    Data:
        Version: 3 (0x2)
        Serial Number:
            7c:ec:1c:8f:f0:97:86:a9:1e:2f:4b:a9:0e:7f:ae:6b:7b:b7:e3:d3
        Signature Algorithm: ecdsa-with-SHA256
        Issuer: CN = swarm-ca
        Validity
            Not Before: May 23 08:23:00 2023 GMT
            Not After : Aug 21 09:23:00 2023 GMT
        Subject: O = tcz3w1t7yu0s4wacovn1rtgp4, OU = swarm-manager,
            CN = 2gxz2h1f0rnmc3atm35qcd1zw
        Subject Public Key Info:
<SNIP>
```

输出中的 Subject 使用标准的 O（Organization，组织）、OU（Organizational Unit，组织单位）和 CN（Canonical Name，规范名称）字段来指定 Swarm ID、节点角色和节点 ID。

- 组织（O）字段存储 Swarm ID
- 组织单位（OU）字段存储节点在 swarm 中的角色
- 规范名称（CN）字段存储节点的加密 ID

如图 15.8 所示。

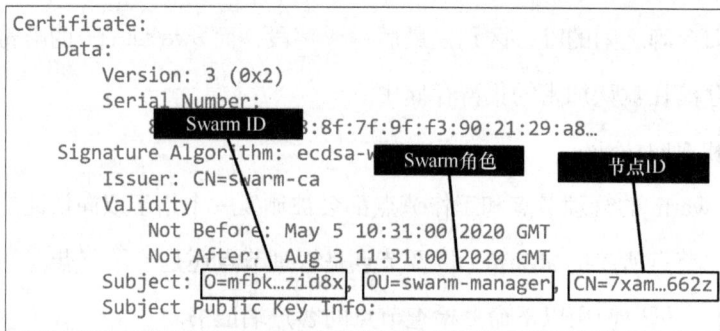

图 15.8　节点的客户端证书信息

还可以在 Validity 部分查看证书更新周期。

可以将这些值与 docker info 命令输出中的相应值进行匹配。

```
$ docker info
<SNIP>
 Swarm: active
  NodeID: 2gxz2h1f0rnmc3atm35qcd1zw      # Relates to the CN field
  Is Manager: true                        # Relates to the OU field
  ClusterID: tcz3w1t7yu0s4wacovn1rtgp4    # Relates to the O field
 <SNIP>
  CA Configuration:
  Expiry Duration: 3 months               # Relates to validity field
  Force Rotate: 0
  Root Rotation In Progress: false
 <SNIP>
```

（3）配置 CA 设置

可以使用 docker swarm update 命令来配置 Swarm 的证书更新周期。下面示例将证书更新周期修改为 30 天。

```
$ docker swarm update --cert-expiry 720h
```

Swarm 允许节点提前更新证书，这样所有节点就不会同时尝试更新证书。

当创建新的 swarm 时，可以通过向 docker swarm init 命令传递 --external-ca 标志来配置外部 CA。

docker swarm ca 命令也可以用来管理 CA 相关的配置。可以使用 --help 标志运行该命令来查看它可以执行的操作列表。

```
$ docker swarm ca --help

Usage: docker swarm ca [OPTIONS]

Display and rotate the root CA

Options:
    --ca-cert pem-file          Path to the PEM-formatted root CA
                                certificate to use for the new cluster
    --ca-key pem-file           Path to the PEM-formatted root CA
```

```
                                        key to use for the new cluster
     --cert-expiry duration             Validity period for node certificates
                                        (ns|us|ms|s|m|h) (default 2160h0m0s)
  -d, --detach                          Exit immediately instead of waiting for
                                        the root rotation to converge
     --external-ca external-ca          Specifications of one or more certificate
                                        signing endpoints
  -q, --quiet                           Suppress progress output
     --rotate                           Rotate the swarm CA - if no certificate
                                        or key are provided, new ones will be generated
```

（4）集群存储

集群存储是存储 swarm 配置和状态的地方，它对其他 Docker 技术也至关重要，比如覆盖网络和密钥。这就是这么多高级特性及安全相关的功能需要 swarm 模式的原因。

集群存储目前基于流行的 etcd 分布式数据库，并自动配置为复制到所有管理节点，且默认加密。

集群存储的日常维护由 Docker 自动完成。然而，在生产环境中，应该提供强大的备份和恢复解决方案。

关于 swarm 模式的安全性就介绍到这里。本章剩余部分将关注无需 swarm 模式的 Docker 相关安全技术。

15.2.2.4　镜像漏洞扫描

漏洞扫描是解决镜像漏洞和安全问题的主要武器。

扫描器的工作原理是构建镜像中所有软件的列表，然后将这些包与已知漏洞的数据库进行比较。大多数漏洞扫描器会对漏洞进行评级，并提供修复建议和帮助。

尽管漏洞扫描很好，但了解其局限性也很重要。例如，扫描专注于镜像，而不会检测网络、节点或编排器的安全问题。此外，并非所有的镜像扫描器都相同——有些执行深度的二进制级扫描来检测包，而其他的只是查看包名而不密切检查内容。

在本书撰写之际，Docker Hub 为某些付费账户提供镜像扫描服务，未来可能会有所改变。一些本地私有镜像仓库服务提供内置的扫描功能，也有一些第三方服务提供镜像扫描服务。Docker Desktop 也支持扫描镜像的扩展。

图 15.9 展示了 Docker Hub 上的扫描结果。图 15.10 展示了使用 Docker Desktop 的 Trivy 扩展的扫描结果。

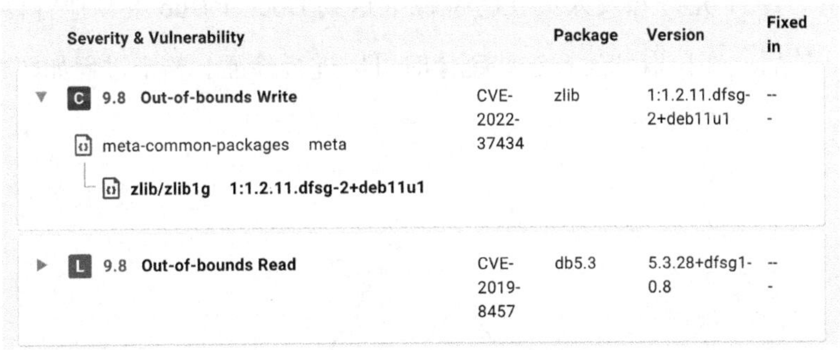

图 15.9 Docker Hub 上的扫描结果

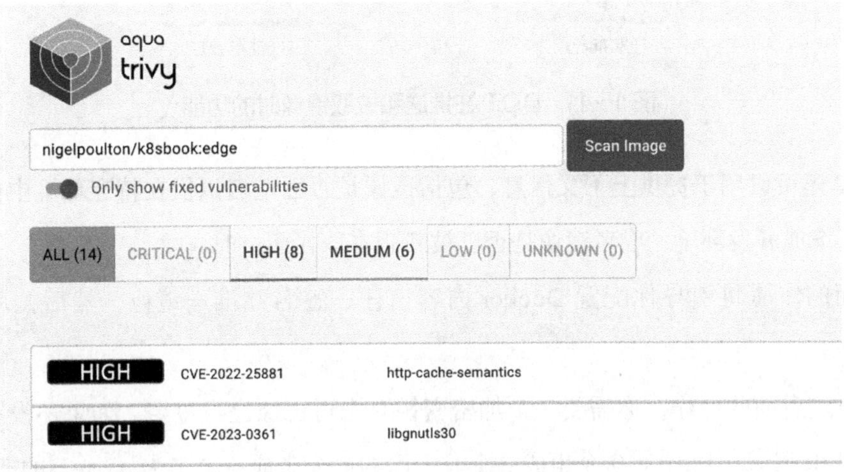

图 15.10 Trivy 扩展的扫描结果

总而言之，镜像漏洞扫描是一个可以深度检查镜像中已知漏洞的出色工具。但要注意，知识越多，责任越大——一旦你意识到漏洞，就有责任减轻或修复它们。

15.2.2.5　使用 Docker 内容信任签名和验证镜像

Docker 内容信任（DCT）使得验证镜像的完整性和发布者变得轻而易举，这一点在从互联网等不受信任的网络拉取镜像时尤其重要。

宏观上看，DCT 允许开发人员在将镜像推送到 Docker Hub 或其他容器服务时对镜像进行签名。然后，在拉取和运行这些镜像时可以进行验证。整个过程如图 15.11 所示。

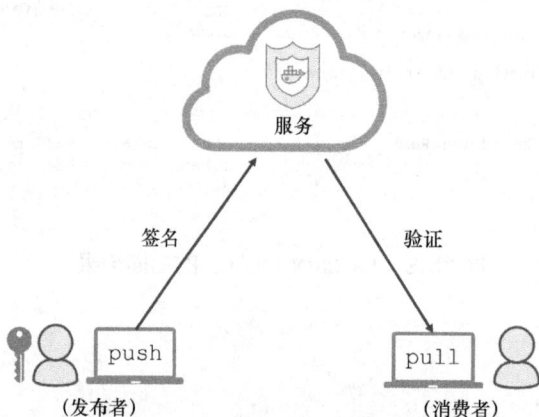

图 15.11　DCT 在推送和拉取镜像时的功能

DCT 还可以用于提供上下文信息，包括镜像是否已签名以供在特定环境中使用，比如生产环境或开发环境，或者镜像是否已被新版本取代而过时。

下面的步骤将引导你配置 Docker 内容信任、签名并推送镜像，然后拉取签名的镜像。

要跟随后面的操作，你需要一个加密密钥对来对镜像进行签名。如果还没有，那么可以使用 docker trust 命令生成一个。下面的命令生成一个名为 nigel 的新密钥对，并将其加载到本地可信存储以备使用。

```
$ docker trust key generate nigel
Generating key for nigel...
Enter passphrase for new nigel key with ID 1f78609:
Repeat passphrase for new nigel key with ID 1f78609:
Successfully generated and loaded private key.... public key available: /root/nigel.pub
```

如果已经有了一个密钥对，那么可以使用 docker trust key load key.pem --name nigel 来导入并加载它。

现在已经加载了一个有效的密钥对，接着将把它与签名镜像要推送到的镜像仓库关联起来。该例子使用了 Docker Hub 上的 nigelpoulton/ddd-trust 仓库，以及上一步中创建的 nigel.pub 密钥。不过，你的密钥文件和仓库将有所不同，并且在运行命令之前仓库不必存在。

```
$ docker trust signer add --key nigel.pub nigel nigelpoulton/ddd-trust
Adding signer "nigel" to nigelpoulton/dct...
Initializing signed repository for nigelpoulton/dct...
Enter passphrase for root key with ID aee3314:
Enter passphrase for new repository key with ID 1a18dd1:
Repeat passphrase for new repository key with ID 1a18dd1:
Successfully initialized "nigelpoulton/dct"
Successfully added signer: nigel to nigelpoulton/dct
```

下面的命令将对 nigelpoulton/ddd-trust:signed 镜像进行签名，并将其推送到 Docker Hub。你需要用刚刚关联密钥对的仓库名称来标记系统上的镜像，然后推送签名的镜像。

```
$ docker trust sign nigelpoulton/ddd-trust:signed
docker trust sign nigelpoulton/ddd-trust:signed
Signing and pushing trust data for local image nigelpoulton/ddd-trust:signed...
The push refers to repository [docker.io/nigelpoulton/ddd-trust]
94dd7d531fa5: Mounted from library/alpine
signed: digest: sha256:30e6d35703c578e...4fcbbcbb0f281 size: 528
Signing and pushing trust metadata
Enter passphrase for nigel key with ID 4d6f1bf:
Successfully signed docker.io/nigelpoulton/ddd-trust:signed
```

推送操作将在 Docker Hub 上创建仓库并推送镜像。可以使用下面的命令查看签名数据。

```
$ docker trust inspect nigelpoulton/ddd-trust:signed --pretty

Signatures for nigelpoulton/ddd-trust:signed
  SIGNED TAG   DIGEST                                       SIGNERS
```

```
    signed         30e6d35703c578ee...4fcbbcbb0f281 nigel

List of signers and their keys for nigelpoulton/ddd-trust:signed
    SIGNER      KEYS
    nigel       4d6f1bf55702

Administrative keys for nigelpoulton/ddd-trust:signed
    Repository Key:        5e72e54afafb8444f...6b2744b32010ad22
    Root Key:              40418fc47544ca630...69a2cb89028c22092
```

可以通过设置环境变量 DOCKER_CONTENT_TRUST 的值为 1 来强制 Docker 主机始终对镜像的推送和拉取操作进行签名和验证。在实际应用中，你可能会希望让其成为 Docker 主机的一个更持久的特性。

```
$ export DOCKER_CONTENT_TRUST=1
```

一旦像这样启用了 DCT，将无法再拉取和使用未签名的镜像。可以通过拉取一个未签名的镜像来测试这种表现。

Docker 内容信任是一项重要的技术，可以帮助你验证从容器服务拉取的镜像。它的基本形式很容易配置，但更高级的特性（比如上下文）配置起来可能更复杂。

15.2.2.6　Docker 密钥

很多应用都拥有敏感数据，比如密码、证书和 SSH 密钥。

早期版本的 Docker 无法以一种安全的方式将此类敏感数据提供给应用，我们经常通过明文的环境变量将它们插入应用。幸运的是，现代的 Docker 安装支持了 Docker 密钥。

> **注意**
>
> 由于密钥利用了集群存储，因此需要 swarm。

在幕后，密钥会进行加密存储、加密进行网络传输，通过内存文件系统挂载到容器中，并且采用一个最小权限模型，只有在明确授权的服务中才可用。甚至，还存在一个 docker secret 子命令。

图 15.12 展示了一个宏观工作流。

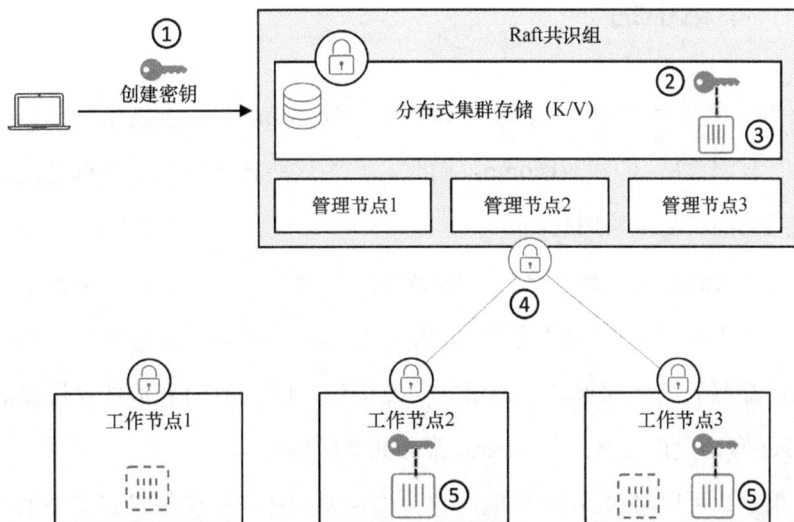

图 15.12　Docker 密钥的工作流

以下步骤将引导你完成如图 15.12 中所示的工作流。其中，密钥表示为钥匙符号，带虚线的容器图标表示无权访问密钥的服务。

1. 创建密钥并发布到 Swarm。

2. 密钥存储在加密的集群存储中。

3. 创建服务并将密钥添加到服务。

4. 密钥在传递给服务副本时通过网络进行加密。

5. 密钥作为未加密的文件通过内存文件系统挂载到服务副本中。

一旦副本完成，内存文件系统就会被拆除，密钥就会从节点中清除。虚线绘制的容器不是同一服务的一部分，并且无法访问密钥。

密钥以未加密的形式挂载的原因是，应用可以在不需要密钥解密的情况下使用它们。

可以使用 `docker secret` 命令创建和管理密钥。然后，可以通过向 `docker service create` 命令传递 `--secret` 标志来将它们添加到服务。

15.3　本章小结

Docker 可以配置得非常安全。它支持所有主要的 Linux 安全技术，比如内核命名空间、控制组、权限、MAC 和 seccomp。同时，它为这些技术提供了合理的默认值，但你也可以自定义它们，甚至禁用它们。

除了一般的 Linux 安全技术之外，Docker 还包含了一套自己的安全技术。Swarm 基于 TLS 构建，并且提供安全的开箱即用功能。扫描工具可以对镜像进行二进制级别的扫描，并提供已知漏洞的详细报告和建议的修复措施。Docker 内容信任允许签名和验证内容，而 Docker 密钥允许安全地与 swarm 服务共享敏感数据。

最终结果是，可以将 Docker 环境配置为你需要的任何安全等级，完全取决于你如何配置。